이 고비를 넘겨라

과학 이 고비를 넘겨라

전형일 글 | 강무선 그림

뜨인돌

머리말

"이렇게 복잡한 건 도대체 누가 만들어낸 걸까?"

"이런 걸 배워서 어디에 써 먹을까?"

혹시 이런 생각 해 본 적 있나요?

사실, 과학 교사인 저도 그런 생각을 하던 시절이 있었답니다. 교사가 되고 보니, 과학을 즐거워하고 재미있어하는 학생들도 있지만, 여전히 어려워하고 피하려는 학생들도 꽤 있었기 때문에, 그런 학생들을 어떻게 잘 도와줄 수 있을까 많이 고민하게 되었죠. 과학을 힘들어하는 학생들에게 단순 암기와 문제 풀이가 아닌 원리를 이해하고 논리적으로 생각할 수 있는 수업을 하고 싶었고, 학생들에게 과학을 쉽게 잘 설명할 수 있는 교사가 되고 싶었어요. 그래서 이 책은 쉽게 풀어서 이야기하듯이 썼답니다. 책에 등장하는 질문과 설명들은 수업 시간에 아이들과 주고받던 것들이에요. 딸에게 차근차근 이야기하는 아빠의 마음으로 설명했어요.

우리 학생들에게 늘 하는 말이 있어요. 과학을 공부할 때 '이건 왜 그럴까? 저건 어떻게 만들어졌을까?' 이런 생각들을 해 보면서 공부하면 좋겠다고 말이죠. 이렇게 질문들이 살아 있을 때 과학은 어렵기만 한 것이 아니라, 지금 바로 내가 살아가고 있는 시공간을 잘 이해할 수 있는 도구가 될 거예요. 시간이 지나면 과학 공식들은 금방 잊힐 수 있지만, 원리를 이해하려고 노력하면서 공부했던 시간들은 생각하는 힘을 키워 주고 여러분을 더 성장하게 도와줄 거라고 확신해요. 지식 자체도 중요하지만 지식을 발견하고 이해하려는 과정은 큰 훈련이 됩니다. 저 역시 어려운 문제를 풀기 위해 온갖 책들을 뒤적이고 친구들과 머리를 맞대고 생각을 주고받았던 그 과정을 통해서 배웠고 성장했고 많은 고비들을 넘었거든요.

이 책 한 권이 과학의 모든 궁금증과 복잡함을 다 해결해 줄 수는 없겠지만 책을 읽어 나가면서 재미를 느끼고, 또 생각하는 시간을 갖게 된다면 좋겠습니다. 공부를 하다 보면 꽉 막혀서 더 나아가기 어려울 때도 있고, 그냥 하기 싫을 때도 있잖아요. 그런 고비들이 찾아올 때, 다시 시작할 수 있는 힘을 줄 수 있기를 바라면서 이 책을 썼습니다.

중학교 과학 중에서 첫 번째로 만나는 고비가 될 수 있는 '힘과 운동' 단원을 보다 쉽게 이해할 수 있도록 설명했습니다. 누구나 부담 없이 페이지를 넘길 수 있도록 말이죠.

이 세상에는 많은 힘이 존재하고 있고, 우리는 그 힘의 영향을 받으면서 살고 있어요. 그중에서 중력, 마찰력, 탄성력, 전기력과 자기력 등에 대해서 소개하고 있습니다. 이 중에서 가장 강력한 힘이 무엇인지, 그 힘들이 서로 어떻게 작용하고 있는지 한번 찾아보실래요?

아빠와 딸, 그리고 엄마까지 등장하는 코믹발랄명랑 만화 코너는 여러분을 더욱 즐겁게 만들 거라 확신해요! '○○하는 스포츠가 있지' 코너는 스포츠를 통해 알 수 있는 힘과 운동에 대해서 소개하고 있습니다. 그 속에 담겨 있는 과학 원리를 생각하면서 스포츠 경기를 본다면 훨씬 더 재미있고 생생할 것입니다.

마지막으로, 각 단원마다 내용을 체크하고 정리할 수 있도록 단계별로 몇 개의 문제들을 실었습니다. 특히, '절대 헷갈리지 마!' 코너는 여러분이 문제를 풀면서 틀리기 쉬운 부분을 딸의 풀이와 아빠의 해설로 나눠서 설명하고 있으니, 그 부분을 유의해서 풀어 보면 실수를 줄일 수 있을 거예요. 이 책을 읽고 나서 더 깊이 알고 싶은 분들은 다른 책들도 읽어 보면 좋겠습니다.

사실, 여러분은 중학 과정의 과학을 충분히 이해할 수 있는 '힘'을 갖고 있답니다. 무엇인가를 포기하기엔 여러분은 너무 가능성이 많아요. 이 책을 펼치고 있다는 것은 이미 충만한 에너지를 가지고 있다는 증거이죠. 자신감을 가지고 이 고비를 훌쩍 뛰어넘기를 응원할게요.

생각해 보면, 교사로서 지금의 나를 만들어 준 것은 모두 여러분과 같은 학생들입니다. 보석 같은 제자들이 있었기 때문에 즐겁게 가르치고 배우면서 성장할 수 있었어요.

행복과 기쁨의 원천이 되어 주는 사랑하는 가족, 고단한 교직생활에 지치지 않도록 늘 힘이 되어 주는 선생님들, 썰렁하고 지루한 글을 쓰던 왕초보에게 글쓰기에 대해 새롭게 눈을 뜨게 해 준 뜨인돌 여러분께 감사드립니다.

전형일

차례

이 고비만 넘기면 돼!

I

지구가 나를 당기는 힘, **중력**

아빠, 저 요즘 완전 힘든 거 아세요? 과학 시간마다 아주 절망적이에요. 이해도 잘 안 되고 어렵기만 해요. 도대체 이렇게 복잡한 걸 왜 공부해야 해요? 지금 포기 직전이라구요.

과학이 많이 어렵나 보구나. 교과서에 나오는 과학 이론은 오랜 시간 동안 과학자들이 연구하고 정리한 것들이지. 한두 줄로 표현되어 있지만, 그 이면에는 수많은 과학자들의 인생과 스토리가 담겨 있어. 단순히 외워야 할 공식으로만 보면 어려워 보이지만, 원리를 이해하고 생각하면 그리 힘들지 않을 거야.

흥! 아빠는 항상 그런 식으로 말씀하시지만, 진짜 어렵다구요. 도대체 무슨 힘이 그렇게 종류가 많은 건지. 힘을 더하고 빼고 화살표로 그리는 건 완전 대박! 정말 힘들어요.

힘들다, 힘들다 하면서 힘 빠지는 소리는 그만하고 아빠가 설명을 해 줄 테니 힘내렴. 지금부터 힘에 대해 하나하나 설명해 줄게. **중력부터 얘기해 볼까?**

지구 위에 있는 모든 물체는 중력의 영향을 받는단다. 그 무엇도 중력으로부터 자유로울 수 없지. 중력이란 쉽게 말해서 지구가 지구 위에 있는 모든 물체들을 잡아당기는 힘이야.

지구가 나를 잡아당기는 것을 느낄 수는 없지만, 어떤 물체든 손에서 놓으면 바닥으로 떨어지는 이유가 지구가 잡아당기는 힘 때문이라는 건 알 수 있지. 뉴턴(Newton)이라는 위대한 과학자가 바닥으로 떨어지는 사과를 보고 중력의 개념을 생각해 냈다는 일화는 이미 알고 있지?

중력, 어렸을 때부터 수없이 들어 본 단어일 거야. 하지만, 살아오면서 중력이 내가 살아가는 세계에 어떤 영향을 주고 어떻게 작용하는지 생각해 본 적은 많지 않을걸.

네. 그러고 보니 중력에 대해 깊게 생각해 본 적은 별로 없는 것 같아요. 하지만 중력에 대해 늘 궁금한 게 있었는데요, 사과는 바닥으로 떨어지는데, 달은 왜 지구의 바닥으로 떨어지지 않는 거예요?

음, 아주 좋은 질문이야. 만약 달이 지구 주변을 공전하지 않고 그냥 멈춰 있다면 달도 지구를 향해 떨어졌을 거야. 그럼 지구는 대폭발이 일어났겠지?

그러나 달이 지구 주변을 공전하면서 지구로부터 벗어나려는 원심력* 과 지구가 달을 끌어당기는 힘이 서로 평형을 이루고 있기 때문에 달은 지구로 떨어지지 않고 일정한 궤도를 따라 지구 둘레를 돌게 되는 거지.

* **원심력** 물체가 원운동을 할 때 바깥쪽으로 향하는 힘.

달도 그렇지만, 우리 모두는 이 중력 안에서 안정을 느낀단다. 중력으로 인해 모든 건물과 자연은 땅 위에 자리 잡고 있고, 물은 하류로 흘러가고, 천체들도 궤도를 이탈하지 않고 움직일 수 있는 거지. 아빠 뱃살이 점점 아래로 처지는 것도 다 중력 때문이라구.

음. 조금 이해가 되네요. 그럼 여기서 진짜 어려운 질문 하나 더요. 만유인력과 중력은 어떻게 다른 거예요?

만유인력(universal gravitation)은 물체가 서로 끌어당기는 힘인데, 모든 물체들 사이에서 존재하기 때문에 만유인력이라고 해. 중력은 지표면 가까이 있는 물체를 지구 중심 방향으로 끌어당기는 힘이야. 정확히 말하면, 지구가 자전하기 때문에 생기는 원심력과 만유인력을 합친 것이 중력이지.

사실 원심력이 매우 작기 때문에 지구와 우리 사이의 만유인력과 중력의 크기는 거의 비슷하다고 할 수 있어.

우리가 이렇게 마주 보고 서 있어도 서로 당겨진다는 느낌은 전혀 들지 않지. 만유인력이 작용하는데도 말이야. 왜 그럴까? 그건 지구 중력

NEW

한걸음 더

만유인력 계산하기

굳이 알고 싶지는 않겠지만, 만유인력을 식으로는 이렇게 표현할 수 있어.

$$F = G\frac{Mm}{r^2}$$

보기만 해도 머리가 아프다고? 하하. 여기서 G는 만유인력 상수*이고, M과 m은 두 물체의 질량을 의미해. r은 두 물체 사이의 거리이고. 자, 그럼 두 물체의 질량이 클수록 만유인력은 크고, 두 물체 사이의 거리가 멀어질수록 만유인력은 약해진다고 생각할 수 있겠지?

*** 만유인력 상수**

만유인력 공식을 완성해 주는 정해진 수로, Gravity(중력)의 첫 자를 따서 G로 쓴다. 영국의 물리학자 캐번디시가 실험을 통해 처음 계산했다. 두 물체의 질량, 두 물체 사이의 거리를 식에 넣고 만유인력 상수를 곱해 주면 두 물체 사이에 작용하는 만유인력을 구할 수 있다.

에 비해 너와 아빠 사이의 만유인력이 매우 약하게 작용하기 때문이지. 우리 둘의 몸무게는 지구의 무게에 비하면 너무 적게 나가잖아. 몸무게가 100kg인 두 명이 1m 거리에 마주 보고 선다 하더라도 만유인력에 의해 두 사람 사이에 생기는 가속도는 0.00000067m/s²밖에 되지 않는다고 해. 이 정도는 거의 느끼지 못하는 힘이야.

아빠는 가끔 이런 생각이 들어. 물리적인 만유인력은 잘 못 느끼지만, 사람들 관계에서의 힘은 느껴진다는. 우리는 서로 사랑받고 싶고 사랑하고 싶어 하지. 서로서로 크고 작은 영향을 주고받으며 살고 있잖아. 그런데 거리가 멀어지면 그 영향력이 약해지기도 하고. 우리가 중력을 벗어날 수 없듯이 사람도 관계를 벗어나 살 수 없잖아.

오! 물리 얘기를 하면서 이런 감성적인 멘트를 날리시다니! 조금 멋있음. 그런데요, 아빠. 제가 자꾸 헷갈려서요. 질량과 무게는 다른 건가요?

물론 다르지. 질량(mass)이란 물체가 얼마나 무거운지를 나타내는 고유한 값이야. 장소에 따라서 변하지 않지. 단위는 우리가 아는 대로 kg이나 g이고. 그런데, 무게(weight)는 질량을 가진 물체가 중력에 의해 끌어당겨지는 힘이야. 결국 중력과 같은 값으로 볼 수 있어. 보통 질량에 중력가속도를 곱해 준단다. 단위는 '뉴턴(N)', 'kg중'을 쓰는데, N을 쓰는 게 간편하지.

60kg의 질량을 갖고 있는 사람이 있다고 하자. 이 사람의 무게는 60×9.8(지구에서의 중력가속도 평균값)이니까 약 588N이 되는 거야. 그래서 만약 누군가가 "당신의 무게는 얼마입니까?"라고 묻는다면, "60kg이오"라고 답하지 않고 "약 588N쯤 돼요"라고 답해야 하지.

자, 여기서 궁금증이 생길 거야. 그럼 우린 왜 '몸질량'이라고 하지 않고 몸무게라고 하는 걸까 하는. 그건 그냥 사람들이 관습적으로 사용

질량(mass)	무게(weight)
장소에 관계없이 항상 일정	질량×중력가속도• 장소에 따라 중력가속도가 다르기 때문에 무게는 달라진다.
지구에서의 질량 = 달에서의 질량	지구에서의 무게×$\frac{1}{6}$ = 달에서의 무게 달에서의 중력가속도는 지구의 $\frac{1}{6}$이니까.
단위는 kg, g	단위는 N, kg중

• **중력가속도**

지구의 중력 때문에 떨어지는 물체에 가해지는 가속도. 지구의 평균값은 9.8m/s^2인데, 이는 1초당 9.8m/s씩 빨라진다는 것이다.

하는 용어로 생각해 주렴. 만약 엄마에게 "물 좀 주세요!" 라고 하지 않고 "H_2O 좀 주세요!"라고 해야 한다면 좀 복잡하겠지?

이번엔 무게를 볼까. 무게는 질량에 중력 가속도를 곱한 값, 즉 중력이기 때문에 측정하는 위치에 따라 달라진단다. 예를 들어, 달의 중력은 지구에 비해 $\frac{1}{6}$ 정도밖에 되지 않기 때문에, 똑같은 물체를 가져가서 달에서 무게를 잰다면 지구의 $\frac{1}{6}$이 된단다.

달에 가면 몸무게를 줄일 수 있지

이 고비를 넘겨라!

1단계 OX 퀴즈

1. 어항 속의 금붕어는 중력을 받지 않기 때문에 자유롭게 움직일 수 있다. ( )

2. 달에서 물체에 작용하는 중력은 지구의 $\frac{1}{6}$배이다.

지구, 달과 같은 천체에서의 만유인력을 중력이라고 해!

3. 중력의 크기는 물체의 질량에 비례한다. ( )

4. 중력은 항상 지구 중심 방향(연직방향)을 향한다. ( )

정답

1. X. 지구 위의 모든 물체는 중력의 영향을 받는다.
   어항 속의 물고기 역시 중력을 받지만, 물 위에 뜰 수 있는 부력을 가지고 있어서 물속에서 자유롭게 움직일 수 있다.
2. ○. 달의 중력가속도는 지구의 약 $\frac{1}{6}$이다.
   따라서 물체에 작용하는 중력(무게) 역시 지구의 $\frac{1}{6}$이다.
3. ○. 중력은 질량×중력가속도이므로 물체의 질량에 비례한다.
4. ○. 중력은 지구 어느 곳에서나 지구 중심 방향(연직방향)을 향한다.

2단계 개념 잡는 퀴즈

질량 : 얼마나 무거운지를 나타내는 물체의 고유한 양.
장소가 달라도 일정하다. (단위 : kg, g)

무게 : 물체에 작용하는 중력의 크기. 질량×중력가속도 (단위 : N, kg중)

*지구 중력가속도는 9.8㎨

1. 지구에서 질량이 50kg인 사람의 무게는 (　　)N이다.

2. 지구에서 무게가 588N인 사람의 질량은 (　　)kg이다.

3. 지구에서 질량이 60kg인 사람이 달에 가면 무게는 (　　)N이다.

4. 지구에서 질량이 60kg인 사람이 달에 가면 질량은 (　　)kg이다.

5. 달에서 무게가 147N인 사람의 질량은 (　　)kg이다.

6. 지구에서 무게가 117.6N인 물체를 달에 가져가면

질량은 (　　)kg이고, 무게는 (　　)N이다.

정답

1. 490N. 무게는 질량 $\times$ 9.8이므로 $50 \times 9.8 = 490$N이다.
2. 60kg. 무게는 질량 $\times$ 9.8이므로 질량 $\times 9.8 = 588$N

   질량은 $588 \div 9.8 = 60$kg
3. 98N. 지구에서 질량이 60kg인 사람의 무게는 588N이다.

달에 가면 무게는 지구의 $\frac{1}{6}$이 되므로 98N이 된다.

4. 60kg. 질량은 지구든 달이든, 장소와 관계없이 항상 일정하므로 60kg이다.

5. 90kg. 달에서의 무게 = 질량 × 9.8(지구 중력가속도) × $\frac{1}{6}$이므로

   147 = 질량 × 9.8 × $\frac{1}{6}$

   질량 = 90kg

6. 12kg, 19.6N. 무게 = 질량 × 9.8이므로

   117.6 = 질량 × 9.8

   질량은 12kg이다. 이 물체를 달에 가져가도 질량은 변함없이 12kg이다. 단, 무게는 지구의 $\frac{1}{6}$이 되므로 19.6N이 된다.

3단계 굳히기 퀴즈

1. 어떤 물체를 용수철저울에 매달았더니 12cm 늘어났고, 윗접시저울 위에 이 물체를 올려놓고 반대편에 60g인 분동을 올렸더니 평형을 이루었다. 달에서 이 물체를 동일한 방법으로 측정하면 어떻게 되겠는가?

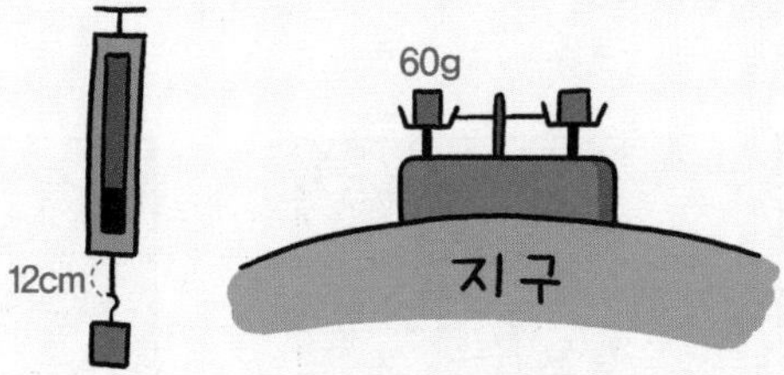

	용수철저울의 늘어난 길이	윗접시저울을 평형으로 만드는 분동의 질량
①	12cm	60g
②	12cm	10g
③	2cm	60g
④	2cm	10g
⑤	2cm	120g

2. 지구 주위를 돌고 있는 인공위성의 내부는 무중력 상태라고 한다. 이와 같은 무중력 상태에서는 다음 중 어떤 일이 일어날 수 있겠는가?

①

용수철에 추를 매달아도 늘어나지 않는다.

②

용수철을 손으로 당겨도 늘어나지 않는다.

③

운동하던 모든 물체는 속도가 느려지다 멈춘다.

④

유리컵을 던져도 깨지지 않는다.

⑤

물체에 아무리 큰 힘을 가해도 움직이지 않게 된다.

정답

1. ③

무게가 무거울수록 용수철이 많이 늘어나기 때문에 용수철저울은 무게를 재는 데 쓴다. 윗접시저울은 질량을 측정하는 데 쓴다.

표준 분동과 물체를 함께 올려놓고 비교하면서 물건의 고유값(질량)을 알아낸다. 무게는 측정하는 장소에 따라 달라지지만, 질량은 장소가 달라져도 변하지 않는다. 달에 가면 무게가 $\frac{1}{6}$이 되므로 용수철저울이 늘어나는 길이도 $\frac{1}{6}$이 된다. 그러므로 2cm만 늘어나게 될 것이다. 질량은 달에 가서도 변함없이 60g으로 측정된다.

2. ①

무중력 상태에서는 물체에 작용하는 힘이 서로 상쇄되어 중력의 힘이 작용하지 않는 것처럼 된다. 따라서 추를 매달아도 용수철이 늘어나지 않는다. 그러나 힘을 줘서 밀거나 당기면 멈춰 있던 물체는 움직이게 되고, 움직이던 물체는 정지하거나 운동 방향과 속력이 변하게 된다. 용수철은 손으로 당기면 잡아당기는 힘에 의해 늘어나고, 운동하던 모든 물체는 벽에 부딪치거나 손으로 잡기 전까지는 등속도로 움직인다. 유리컵을 던진다면 던진 힘에 의해 움직이게 되고, 바닥에 부딪힌다면 그 충격에 의해 컵이 깨지게 된다. 즉, 중력 외에 다른 힘이 작용하게 되면 그 힘에 의해 움직임이 일어나게 된다.

거미 손을 가진 남자

안녕하십니까? 저는 지금 메사추세츠 주의 야구장에 나와 있습니다.

야구공 수집가로 널리 알려진 잭 햄플(Zack Hample)이 세계 기록에 도전하는 장면을 취재하고 있습니다. 366m 높이에 떠 있는 헬리콥터에서 던진 야구공을 받아 내기 위해 몸을 풀면서 준비하고 있는데요. 매우 높은 곳에서 떨어뜨리는 공이기 때문에 아래로 떨어질수록 야구공의 속력이 빨라져 바닥에서 받는 순간 속력이 약 153km/h 정도일 거라 예상됩니다. 그래서 지금 머리, 팔에 안전장비를 단단히 갖추고 있습니다.

사실, 이 도전은 그리 만만한 것이 아닙니다. 1939년, 샌프란시스코 야구 팀의 조 스프린츠(Joe Sprinz) 선수가 고공에서 떨어지는 야구공을 잡는 세계 기록에 도전했었습니다. 스프린츠는 약 244m 높이에 떠 있는 작은 비행선에서 떨어뜨린 공을 잡으려고 시도했고, 다섯 번의 실패 끝에 공을 글러브로 잡을 수 있었죠.

그러나 충격이 너무 커서 글러브를 낀 손이 자신의 턱을 치는 바람에 이빨 다섯 개가 부러지고 턱에 12군데의 상처가 생겼으며 결국 의식을 잃어서 공을 빠뜨리고 말았습니다. 그래서 오늘의 도전에서도 안전하게 공을 받아 낼지가 관건입니다.

아! 긴장되는 순간인데요. 지금 야구공이 떨어지기 시작합니다. 과연 받아 낼 것인가?

네! 성공적으로 받아 냈습니다! 종전 기록을 100m 가까이 경신한 잭 햄플!

잭 햄플의 이야기를 잠시 들어 보겠습니다.

"세계 기록을 경신하게 되어 정말 기쁩니다. 손이나 손목, 손가락이 부러지지는 않을까 걱정을 좀 했는데, 다행이구요. 저의 도전은 계속될 것입니다!"

야구공에 죽고 사는 사나이, 잭 햄플!

야구와 야구공을 향한 그의 열정은 세계 신기록이라는 영광의 이름으로까지 남게 됐습니다.

여기서 퀴즈

(1) 야구공 1개의 질량은 약 140g이라고 한다. 그렇다면 야구공의 무게는 몇 N인가?

(2) 아래로 떨어뜨린 야구공은 중력 때문에 속력이 점점 빨라질 것이다. 중력이 가장 크게 작용하는 위치는 어디일까? 떨어뜨리는 순간? 중간 높이? 글러브에 공이 닿는 순간?

정답

(1) 1.372N. 무게는 질량×9.8이므로 0.14×9.8=1.372N

여기서 주의할 점은 질량의 기본 단위는 kg이므로 140g을 0.14kg으로 환산하여 계산한다는 것.

(2) 중력의 크기는 질량×9.8이므로 높이가 어디인가에 관계없이 항상 일정하고, 방향 역시 항상 아래쪽(연직방향)을 향한다.

공이 아래로 떨어지면서 속력이 빨라지는 것은 중력가속도의 영향 때문이다.

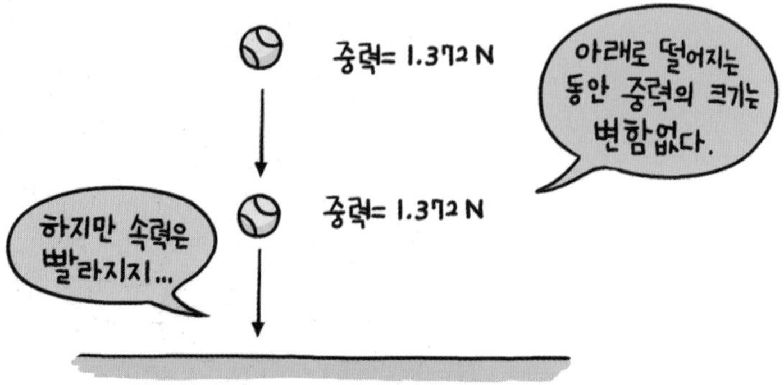

그렇다면 왜!

높은 곳에서 떨어지는 공을 받으면 엄청난 충격을 받게 되는데, 높이에 관계없이 야구공에 작용하는 중력은 일정하다니?

공이 떨어지면서 속력이 빨라지면 에너지가 증가하게 된다.

운동에너지는 속력의 제곱에 비례한다. 아래로 떨어지는 공의 중력은 일정하지만, 일정한 중력에 의해 공의 속력은 빨라지고, 공이 갖고 있는 에너지는 증가한다.

도전자가 공을 받는 순간 공의 운동에너지는 엄청나게 커진 상태이다. 그래서 충격이 컸던 것이다. 같은 원리로 고층 아파트 베란다 같은 곳에서 물건을 떨어뜨리면 운동에너지가 엄청나게 커져 큰 사고가 일어날 수 있으니 조심해야 한다.

에너지가 커진다는 건?

운동하는 물체가 갖고 있는 에너지를 운동에너지라고 한다. 운동에너지는 물체의 질량과 속력의 제곱에 비례한다. 즉 질량이 크고 속력이 빠를수록 운동에너지는 크다.

중력을 이기는 스포츠가 있지

봉 양쪽에 끼운 무거운 원판(바벨)을 힘을 주어 들어 올리는 경기인 역도는, 누가 더 무거운 것을 들어 올리는지 겨루는 스포츠야.

바벨을 머리 위까지 들어 올려야 하는데, 들어 올리는 방식에 따라 인상과 용상 2가지 종목이 있어.

인상은 바벨을 잡고 한 번에 머리 위까지 들어 올린 다음, 그 상태에서 그대로 일어서는 방식이고, 용상은 바벨을 일단 가슴 위까지 끌어올리고 일어난 다음, 그 자세에서 단번에 머리 위로 팔을 뻗어 바벨을 들어 올리는 방식이야.

무거운 바벨을 들어 올리려면 물론 힘이 좋아야 하겠지만, 꼭 힘이 세다고 해서 더 무거운 것을 들 수 있는 것은 아니야. 팔, 어깨, 손목, 다리

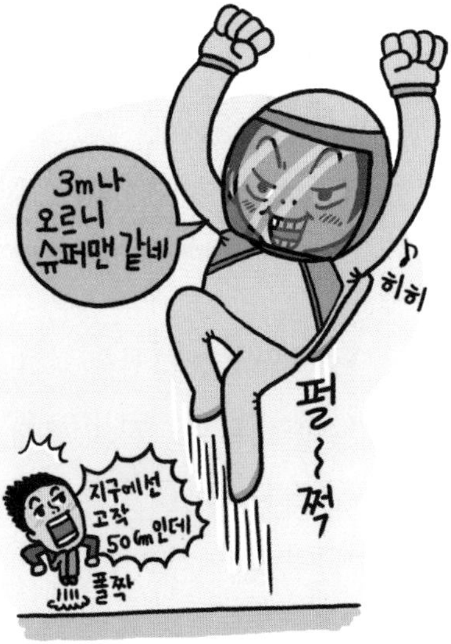

등의 힘이 고르게 강해야 하고, 바벨과 신체의 균형을 잘 유지해야 해. 자세가 정확할수록 들어 올릴 수 있는 무게도 그만큼 더 커지거든. 바벨을 들어 올릴 때 힘차게 땅을 박차고 일어서면서 순간적으로 몸의 힘을 위쪽으로 이동시키면 힘이 더 크게 작용하게 되는 거지.

역도는 체급별로 경기를 갖는데, 시합을 하기 전에 몸무게를 잰단다. 만약 두 선수의 기록이 같다면 체중이 가벼운 선수가 승리하게 된다니, 체중도 신경 써서 관리해야겠지?

모든 물체를 땅에 붙잡아 두려는 중력, 그 중력을 이겨 내려고 하는 역도. 지금도 중력을 이기기 위해 많은 역도 선수들이 구슬땀을 흘리고 있어.

역도 말고도 중력에 맞서는 스포츠가 또 있지.

중력은 우리가 지면에 서 있도록 붙잡고 있지만, 중력을 뿌리치고 더 높이 뛰려고 경쟁하는 스포츠인 높이뛰기야.

달에 가서 높이뛰기 경기를 한다면, 지구에서보다 6배는 높이 뛸 수 있겠지?

절대 헷갈리지 마!

다음 그림은 비스듬히 던져 올린 물체가 다시 지표면에 닿기까지 운동한 경로를 나타낸 것이다. 물체가 (가), (나), (다) 지점에 있을 때 각각의 물체에 작용하는 힘의 방향은?

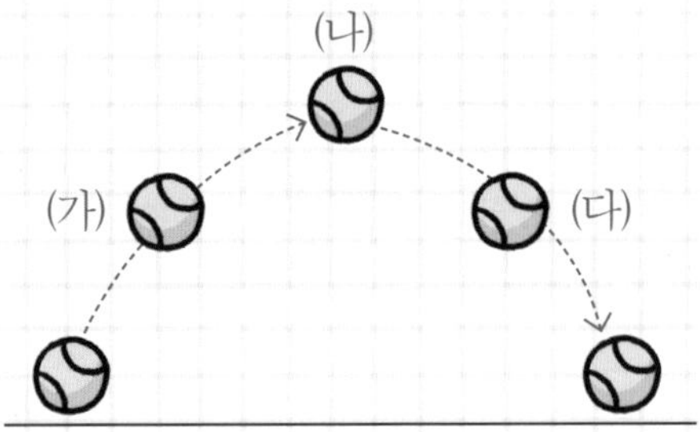

	(가)	(나)	(다)
①	↓	↓	↓
②	↑	→	↓
③	↓	↑	↓
④	→	→	→
⑤	↗	→	↘

나의 풀이

물체가 그림처럼 운동한다는 것은 힘을 받기 때문이죠.
물체는 힘을 받는 방향으로 움직이기 마련이구요.
물체가 그림처럼 포물선을 그리며
움직이고 있다면 당연히 힘의 방향도 움직임을 따라
작용하고 있기 때문에 정답은 ⑤번이죠!

아빠의 풀이

힘을 주는 방향으로 물체가 움직이는 것은 맞아. 그래서 많은 친구들이
정답을 ⑤번으로 혼동하지. 야구공을 그림처럼 던진다고 해 보자. 야구공을
던지려면 힘을 줘서 비스듬한 방향으로 던져야 해. 그런데, 야구공은
손을 떠난 뒤부터는 그 힘을 받지 않아. 날아가고 있는
야구공에 작용하고 있는 힘은 오직 하나란다. 그게 뭘까?
바로 중력이지! 야구공은 처음 힘을 받은 방향으로 계속 날아가고
싶겠지만, 중력 때문에 다시 지면으로 떨어지게 되는 거야.
중력의 방향은 항상 연직방향이니까 정답은 바로 ①번이지.

Ⅱ

운동을 방해하는 힘,
마찰력

아빠, 운동화 밑창이 닳아서 새 운동화를 사야 할 것 같아요.
오늘 체육시간에 배드민턴을 치다 미끄러져 넘어졌단 말이에요.

그래? 어디 한번 살펴보자. 이 정도로 밑창이 닳았으면 마찰력이 아주 작아졌겠네. 운동화가 꽤 미끄러웠겠어.

마찰력! 아이쿠! 또 과학용어 등장!
운동화 바닥하고 마찰력하고 무슨 관계가 있는 건데요?

원래 운동화나 등산화의 바닥은 울퉁불퉁해서 잘 미끄러지지 않지. 신발 밑창과 바닥 사이에 미끄러지지 않도록 힘이 작용하고 있거든. 물체의 접촉면에서 미끄러지지 않도록 작용하는 힘을 마찰력이라고 해. 항상 운동방향과 반대방향으로 작용하고 있기 때문에 운동을 방해하는 힘이라고 생각하면 되지.

큰 상자를 밀고 간다고 생각해 보자. 상자를 미는 힘의 방향과 반대

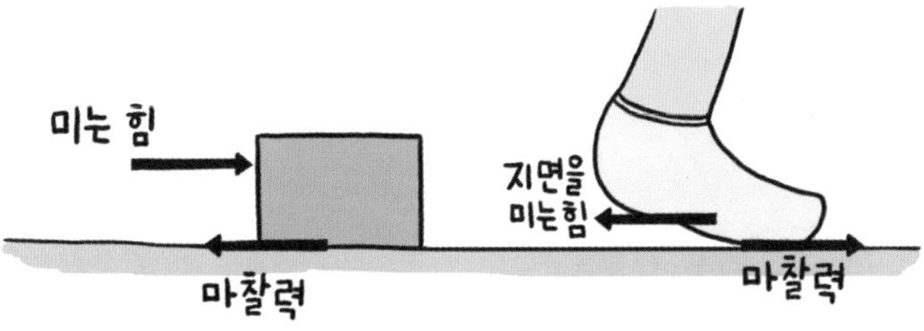

방향으로 마찰력이 작용하고 있지. 그래서 쉽게 밀 수 없는 거야. 다시 한 번 말하지만, 마찰력은 미끄러짐을 방해하는 방향으로 작용하고 있어.

미는 사람은 지면을 뒤로 밀면서 힘을 주어 앞으로 나아가지. 그렇다면 마찰력은 어디로 작용할까? 그래, 맞아. 신발이 지면을 미는 힘이 뒤쪽으로 작용하니까 마찰력은 반대방향인 앞쪽으로 작용하게 되지. 꼭 말 안 듣는 청개구리 같지?

혹시 저 같다고 말하고 싶으신 거 아니죠? 히잉. 그럼, 마찰력이 생기는 이유는 뭐예요?

흐흠. 속마음을 들켜 버렸네? 마찰력이 생기는 이유는 접촉면이 거칠기 때문이라고 할 수 있어. 접촉면이 거칠수록 마찰력이 크지. 잘 다듬어진 표면처럼 보여도 확대해서 보면 표면이 울퉁불퉁하기 때문에 마찰력이 생기는 거야.

일상생활에서 마찰력을 크게 하거나 작게 해서 활용하는 것들이

있어. 예를 들어 자전거 체인이나 창문틀이 빡빡하지 않게 윤활유를 바르는 것은 마찰력을 작게 해서 편리하게 사용하는 경우이지. 물놀이 공원에 있는 워터슬라이드에 물을 뿌려서 잘 미끄러질 수 있도록 하는 것도 마찰력을 작게 하는 경우야.

반대로, 투수가 공을 던질 때 손에 송진가루를 묻히는 건 끈끈한 송진가루로 마찰력을 크게 해서 공이 손에서 미끄러지지 않도록 하는 거야. 공이 손에서 미끄러져 버리면 원하는 방향으로 공을 던질 수 없잖아.

그럼 여기서 잠깐 질문을 해 볼까? 자동차가 빨리 달리기 위해서는 타이어의 마찰력이 커야 할까? 작아야 할까?

음… 마찰력이란 운동을 방해하는 힘이라고 했으니, 작아야 빨리 달릴 수 있지 않을까요?

당연히 운동을 방해하는 힘이 작아야 빨리 달릴 수 있지. 예를 들어 공기의 저항은 운동을 방해하는 힘이야. 그래서 자동차는 공기저항을 적게 받도록 디자인되어 있는 건 잘 알고 있겠지?

하지만, 타이어는 마찰력이 크게 작용하도록 고안되어 있단다. 왜냐고? 만약 지면과 타이어의 마찰력이 작다면 자동차는 오히려 잘 달릴 수 없을 거야. 너도 기억 날 거야. 지난겨울에 갑작스레 눈이 많이 내린 날, 차가 집 앞 언덕을 올라오지 못하고 타이어가 한참 동안 헛바퀴만 돌아서 결국은 차를 세워 두고 걸어 올라왔잖니. 눈 때문에 마찰력이 작아져서 바퀴가 자꾸 미끄러져 버리니 차가 제대로 움직일 수 없었던 거야. 그래서 타이어는 마찰력이 크게 작용하도록 울퉁불퉁하게 홈이 파여 있고, 눈이 오는 날에는 눈 때문에 미끄러우니까 타이어에 더 울퉁불퉁한 체인을 감아서 마찰력이 커지게 하지. 그렇지만 접촉면이 너무 울퉁불퉁하면 타이어의 힘이 여러 방향으로 분산되어서 오히려 빨리 달릴 수 없어. 그래서 울퉁불퉁한 산악 길은 달리기 힘들지.

마찰력은 우리가 걸어 다니거나 물체를 잡을 수 있도록 해 주는, 우리 일상생활에 없어선 안 되는 힘이야.

그러고 보니 욕실 바닥에 미끄러지지 말라고 붙여 놓은 시트나, 목장갑에 까칠까칠한 빨간 고무를 붙이는 것도 마찰력을 커지게 하려고 하는 거군요!

그래, 맞아! 마찰력의 관점에서 보면 찾아낼 수 있는 사례가 아주 많을 거다. 이제 우리 딸이 과학적으로 생각하고 관찰하는 눈이 생기는 것 같은데. 오빠와 마찰이 생기지 않게 평소에 기름칠을 좀 해 보는 건 어때?

물체가 무거울수록 마찰력이 크다.

마찰력은 접촉 면적과 관계가 없다.

마찰력에 대해서 한 가지 더 말하면, 마찰력의 크기는 물체의 무게와 관계가 있어. 무거울수록 마찰력이 커지는 거야. 똑같은 재질의 바닥에서 동생을 미는 것보다 아빠를 미는 것이 힘이 더 드는 건 무게 때문이지.

마찰력은 물체와 접촉면 사이에서 작용하는 힘이기 때문에 접촉면이 넓을수록 마찰력이 클 것이라고 생각하는 사람이 많아. 하지만 실제론 그렇지 않지. 접촉 면적과 마찰력은 상관이 없다는 걸 잊지 마시길. 같은 무게라면 면적과 관계없이 마찰력의 크기는 같아.

NEW

한걸음 더

정지마찰력, 운동마찰력

모처럼 집 안 정리 좀 해 보자! 여기 있는 책장을 한번 밀어 볼래?
어, 꿈쩍도 안 하네? 분명히 힘을 작용하고 있는데, 왜 책장은 전혀 움직이지 않을까?
지금 책장과 바닥 사이에 마찰력이 작용하고 있기 때문이지. 힘을 주어 미는 방향과 반대방향으로 마찰력이 작용하고 있는데, 이때의 마찰력을 '정지마찰력'이라고 해. 물체가 정지해 있을 때 작용하는 마찰력이란 뜻이지. 정지마찰력의 크기는 미는 힘과 같아.
그런데 아빠가 함께 밀기 시작하니 처음엔 움직이지 않던 책장이 움직이기 시작했다고 하자. 힘을 조금씩 가할 때 정지마찰력 역시 조금씩 커지다가, 움직이게 되는 순간에 정지마찰력도 최대가 되겠지. 이때의 마찰력

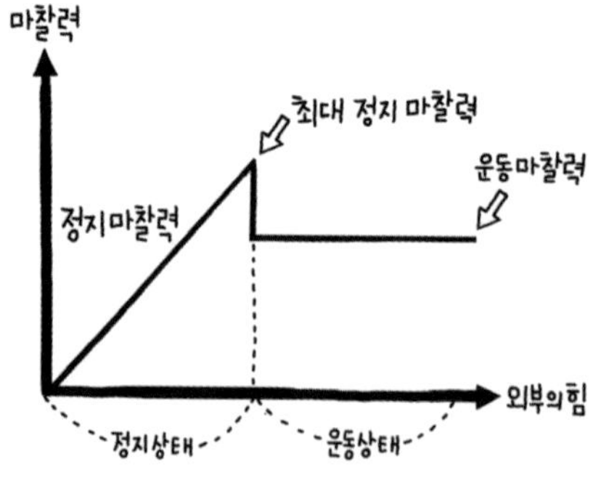

을 ‘최대정지마찰력’이라고 하지. 그리고, 책장이 움직이는 동안 작용하는 마찰력은 ‘운동마찰력’이라고 해.

무엇인가를 밀 때 그 물체가 움직일 때까지 좀 힘이 들다가 막상 물체가 움직이기 시작하면 힘이 덜 들면서 수월하게 물체를 밀었던 경험이 있을 거야. 그건 바로 운동마찰력이 최대정지마찰력에 비해 항상 작기 때문이란다.

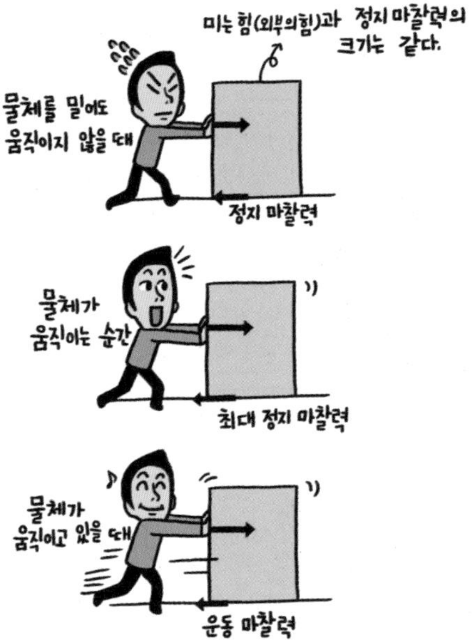

당신도 자석인간이 될 수 있다

이 고비를 넘겨라!

1단계 OX 퀴즈

1. 눈이 온 뒤에 도로에 모래를 뿌리는 것은 마찰력을 크게 하기 위해서이다. (　　)

2. 종이나 지폐를 셀 때 손에 물을 묻히면 마찰력이 작아져 잘 셀 수 있다. (　　)

3. 접촉하는 면적이 크면 마찰력도 그만큼 커진다. (　　)

4. 물체에 힘을 주었는데도 움직이지 않는다면, 가한 힘보다 마찰력이 더 크기 때문이다. (　　)

정답

1. ○. 모래를 뿌리면 접촉하는 표면이 거칠어지면서 마찰력이 커진다.
그래서 겨울에는 도로변에 모래주머니를 쌓아 두었다가 눈이 내릴 때 뿌려서 미끄러짐 사고를 예방한다.

2. X. 손가락과 같은 피부는 건조할 때 마찰력이 작다.
약간의 물을 묻히면 종이가 잘 달라붙어서 지폐나 종이를 세기에 좋다.
돈을 많이 다루는 은행원들은 손가락에 물을 묻힐 수 있도록 물 묻은 스펀지를 준비해 두기도 하고, 마트의 점원들은 마찰력이 큰 고무마개를 손가락에 끼기도 한다.

3. X. 마찰력의 크기는 무게, 접촉면의 성질이나 종류에 따라 달라질 수 있으나, 접촉면의 면적과는 관계가 없다. 똑같은 상자를 끌 경우, 상자의 바닥면이 넓은 쪽으로 눕혀서 당기거나, 좁은 쪽으로 세워서 당기거나 마찰력의 크기는 일정하다.

4. X. 물체를 밀었는데도 움직이지 않았다면, 가한 힘과 마찰력의 크기가 같거나 가한 힘이 마찰력보다 작기 때문이다.
일단 멈춰 있는 물체는 계속해서 정지한 상태를 유지하려는 성질이 있어 최대정지마찰력보다 작은 힘으로 민다면 움직이지 않는다.

2단계 개념 잡는 퀴즈

1. 다음을 우리 생활에서 마찰력이 커야 편리한 경우와 마찰력이 작아야 편리한 경우로 분류해 보자.

(가)타이어

(나)암벽 등반

(다)창문과 창틀

(라)기계 회전 부분

(마)자동차 표면

(바)등산화 바닥

2. 다음 상황에서 마찰력은 어느 방향으로 작용하는지 설명해 보아라.

(가)오른쪽으로 달리고 있는 자동차 타이어

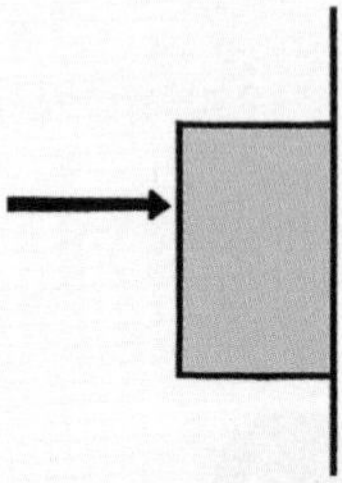

(나)벽에 물체를 놓고 누를 때

정답

1. • 마찰이 커야 편리한 경우 : (가), (나), (바)
   • 마찰이 작아야 편리한 경우 : (다), (라), (마)

타이어가 미끄럽다면 자동차는 움직이기 어렵다. 암벽을 등반할 때 미끄러지지 않도록 손에 송진 같은 물질을 발라서 마찰력을 크게 해 준다. 등산화 바닥도 요철을 크게 만들어 마찰력을 크게 하여 잘 미끄러지지 않도록 한다.
창틀 아래쪽에는 바퀴를 달아 마찰력을 줄여서 열고 닫을 때 편리하게 만든다.
모터와 같은 각종 기계의 회전 부분에는 수시로 기름칠을 하여 마찰력을 최소화한다. 마찰력이 크면 에너지 손실도 크고 기계의 소음, 손상이 발생할 수 있다. 주행하는 자동차는 공기의 저항을 크게 받는다. 표면을 매끄럽게 하고 모양을 유선형으로 만들어 공기와의 마찰을 적게 하면 속력이 증가하고 연료 효율이 높아진다.

2. (가) 오른쪽. 자동차가 오른쪽으로 움직이고 있기 때문에 공기의 저항과 같은 마찰력의 방향은 왼쪽이 된다. 그러나 타이어만 놓고 봤을 때, 타이어가 회전하는 방향을 보면 지면에 대해서 왼쪽으로 움직인다. 그러므로 타이어에 작용하는 마찰력의 방향은 운동 방향에 대해 반대방향, 즉 오른쪽이 된다.

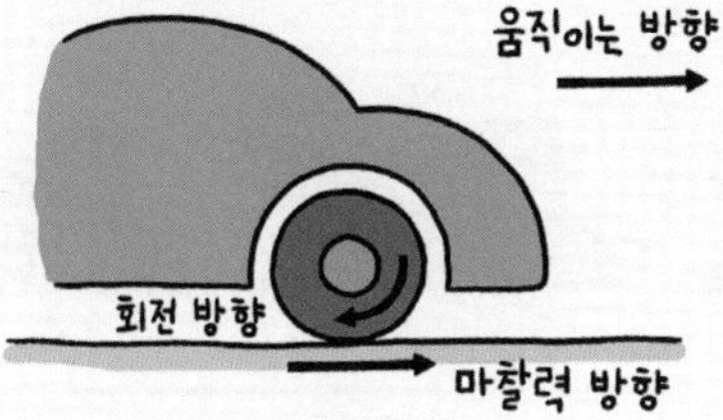

(나) 위쪽. 누르는 힘과 상관없이 물체는 중력 때문에 아래쪽으로 떨어지려고 한다. 마찰력은 움직이려는 것을 방해하는 힘이기 때문에 마찰력의 방향은 위쪽이 된다.

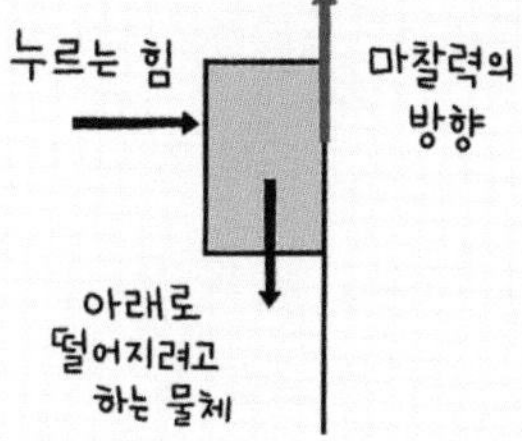

3단계 굳히기 퀴즈

1. 다음은 마찰력의 크기에 영향을 주는 요인이 무엇인지 알아보는 실험 과정이다.

[실험 과정]

아래와 같이 세 가지 방법으로 동일한 나무 도막을 고무줄을 이용하여 천천히 당겨 나무 도막이 움직이기 시작하는 순간, 용수철저울의 눈금을 측정하였다.

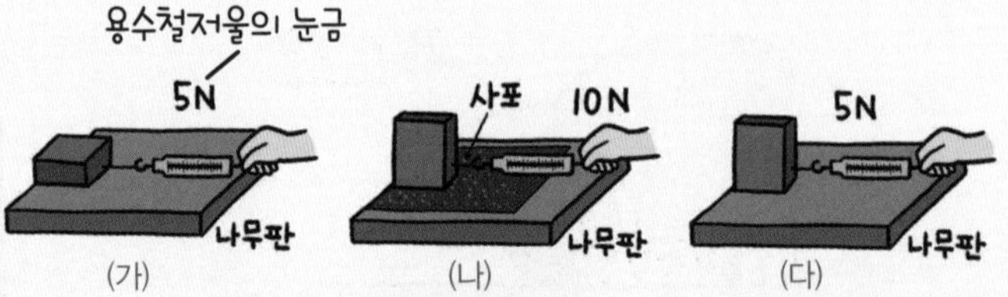

(1) 각각의 경우 용수철저울의 눈금이 의미하는 것은 무엇인가?

(2) (나)와 (다)의 실험 결과를 보면, 동일한 나무 도막을 잡아당겼지만, 사

포 위의 (나)가 힘이 더 드는 것을 알 수 있다. 그 이유는 무엇인가?

(3) (가)와 (다)의 실험 결과를 보면, 동일한 나무 도막을 접촉면을 다르게 하며 잡아당겼지만 당기는 힘은 달라지지 않았다. 그 이유는 무엇인가?

2. 다음 그림과 같이 빗면 위에 놓인 물체가 빗면을 따라 아래로 미끄러져 내려오고 있다. 마찰력의 방향과 중력의 방향을 골라라.

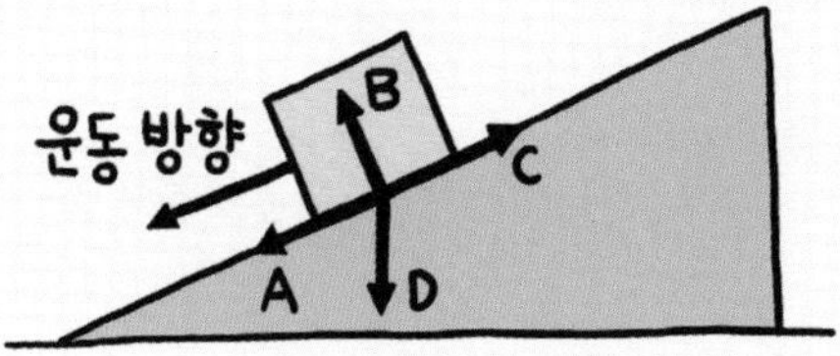

정답

1. (1) 물체가 움직이기 시작하는 순간의 용수철저울의 눈금은 나무 도막에 작용하는 마찰력의 크기를 나타낸다.

   (2) (다)의 나무판보다 (나)의 사포가 접촉면이 거칠다.

   (나)의 마찰력이 더 크다는 것을 볼 때 접촉면이 거칠수록 마찰력이 크다는 것을 알 수 있다.

   (3) (가)와 (다)의 접촉면의 거칠기는 같지만 (가)가 바닥과 접촉하는 면적이 더 넓다. 그런데 용수철저울에 나타난 (가)와 (다)의 힘의 크기가 같다는 건, 마찰력이 같다는 것을 의미한다. 즉 접촉면의 넓이에 관계없이 마찰력의 크기가 같다는 것을 알 수 있다.

2. • 마찰력의 방향 : C

   (마찰력은 물체의 운동 방향을 방해하는 방향으로 작용한다.)

   • 중력의 방향 : D

   (중력은 항상 지구 중심 방향으로 작용한다.)

신비한 타이어의 세계

자동차 타이어를 자세히 들여다보면, 울퉁불퉁한 무늬가 새겨져 있죠? 씽씽 빠른 속도로 달려야 할 자동차 타이어에 왜 이렇게 울퉁불퉁한 무늬가 있는 걸까요? 멋을 내기 위해서 새겨 놓은 것으로 알고 계시는 분들이 있는데요. 자동차 타이어의 무늬에는 과학적 원리와 의미가 담겨 있답니다.

놀랍게도 일반용 타이어, 겨울용 타이어, 그리고 승용차와 버스, 트럭

리브형 타이어

러그형 타이어

블록형 타이어

비대칭형 타이어

의 타이어가 그 용도에 따라 무늬가 모두 다릅니다.

승용차 타이어의 종류로는 기본형이라 할 수 있는 리브형, 차를 움직이게 하거나 멈추게 하는 힘이 좋아 버스나 트럭에 사용되는 러그형, 차를 멈추게 하는 힘이 커서 겨울용 스노타이어나 대형 트럭 등에 사용되는 블록형, 좌우 패턴이 다른 모습을 지니고 있어 마찰에도 잘 닳지 않고 좌우 회전시 안정성을 높이는 비대칭형 타이어 등이 있습니다.

그렇다면 타이어의 무늬는 구체적으로 어떤 역할을 할까요?

타이어에 새겨지는 무늬를 '트레드 무늬'라고 하는데, 차를 움직이게 하고 멈추게 하는 힘을 향상시키고 미끄럼 방지, 승차감 개선 등의 목적으로 만들어집니다. 안쪽으로 새겨지는 홈은 지면에서 흘러 들어오는 빗물을 뒤쪽으로 빼내는 역할을 합니다. 홈이 깊을수록 물을 잘 빼내기 때문에 수막현상•을 줄일 수 있지요.

모든 자동차 타이어는 무늬가 있을까요?

사실, 경주용 자동차의 타이어에는 무늬가 없습니다. 지면과의 접촉을 최대로 하여 자동차의 속도를 높이고, 회전할 때 안정감을 주기 때문이지요.

• **수막현상**
바닥에 고여 있는 물이 얇은 막처럼 형성되어 자동차가 물 위를 미끄러지듯이 달리는 현상

타이어의 무늬가 마찰력을 높이는 중요한 요소이지만, 동시에 타이어 내부 공기의 압력도 중요한 역할을 합니다. 자동차의 무게로 인해 타이어가 아래로 눌리면서 파인 홈이 지면과 닿게 되는데, 이러면 지면과의 접촉 면적이 넓어집니다. 이때 타이어 내부 공기의 압력이 낮으면 타이어가 많이 눌리게 되어 지면에 접촉하는 면적이 더 넓어지면서 타이어도 빨리 마모되고 연료 소모도 커지지요.

자동차의 안전을 위해 한마디만 할게요. 타이어 공기압 체크(내부 공기 압력)와 마모 점검은 수시로 꼭 해 주세요.

마찰력을 이용하는 스포츠가 있지

컬링(curling)은 팀당 4명의 선수로 구성된 두 팀이 빙판 위에서 둥글고 납작한 돌(스톤) 8개를 40m 떨어진 둥근 원 모양의 표적(하우스) 중심에 누가 더 가까이, 많이 놓느냐를 겨루는 경기란다. 우리에겐 좀 생소한 스포츠인데, 동계올림픽 TV 중계방송을 통해서 본 적이 있을 거야.

스톤이 하우스 안에 들어가면 득점으로 인정되는데, 두 팀이 서로 번갈아 가면서 던지기 때문에 상대방의 스톤을 하우스 밖으로 밀어내거나 상대팀의 길목을 막아설 수 있지.

컬링 경기장의 얼음판은 보통의 얼음판과 달리 빙판 위에 작은 얼음

스위핑

알갱이를 뿌려 미세한 돌기를 만들어 놓지. 그 얼음판 위에 스톤을 던져 하우스로 향하는 동안 2명의 선수가 솔을 이용하여 얼음 바닥을 닦아 내며 스톤의 속력과 방향을 조절하는 거야. 이를 '스위핑(sweeping)'이라고 하는데, 얼음 바닥을 문질러 얼음 돌기를 녹이면 수막이 형성되어 마찰력이 줄어들게 된단다. 선수들은 스톤을 회전시키면서 던지고, 스위핑을 하여 방향을 휘게 만들어. 스위핑을 많이 할수록 스톤이 더 멀리 나갈 수 있대. 무려 5m나 말이야. 컬링은 스톤을 처음에 잘 던지는 것도 중요하지만, 스위핑을 통해 마찰력을 조절하여 스톤을 원하는 위치로 잘 이동시키는 것이 관건이야. 컬링은 결국 마찰력을 이용한 스포츠라고 할 수 있지.

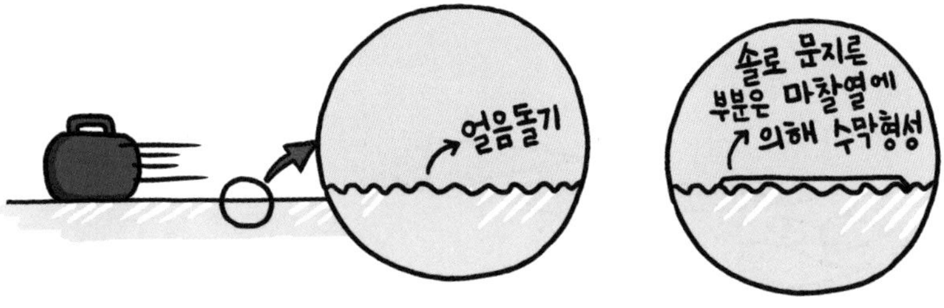

사이클 경주를 하고 있는 선수의 모습을 살펴볼까? 쫄쫄이 복장에 조금 민망한 자세를 취하는 건 다 이유가 있다고. 그건 바로 운동을 방해하는 힘을 최소화하기 위해서지.

사이클을 탈 때 받는 저항의 80%가 공기에 의한 것이라고 해. 공기의 저항은 자전거뿐만 아니라 모든 운송수단의 최대 장애물이지. 빨리 달릴수록 공기저항을 많이 받아 체력이 더 소모된단다.

그래서 모든 장비가 공기저항을 최소화할 수 있도록 디자인되어 있지. 우선 사이클의 핸들은 아래로 휘어 있어. 바퀴는 자전거의 바퀴 프레임에 작용하는 저항을 줄이기 위해 원형 철사로 만들어진 일반적인 바퀴 대신, 원판 모양으로 된 것을 장착하기도 해. 공기가 잘 흘러 빠져나가게 하기 위해 유선형 모양의 헬멧을 쓰고, 몸에 딱 달라붙는 신소재 복장을 입은 선수들의 모습을 자주 봤을 거야.

라이딩 자세도 머리의 높이가 최대한 등보다 아래로 내려오게 하고 어깨와 무릎을 좁혀 공기저항을 줄이려고 해. 심지어는 빠른 속도를 위해

다리의 털까지도 제모한다나? 40km를 주행할 때 다리 털이 있느냐 없느냐에 따라 82초의 차이가 난다는 실험 결과도 있다고 하니, 놀랍지 않니?

사이클뿐 아니라, 속도 경쟁을 하는 스피드 스케이팅, 육상과 같은 종목들은 공기의 저항과 마찰을 줄이기 위해 연구하고, 새로운 장비와 소재를 끊임없이 개발하고 있어.

절대 헷갈리지 마!

다음 그림은 수평면에 놓인 물체에 오른쪽으로 80N, 왼쪽으로 50N의 힘을 작용하는 모습을 나타낸 것이다.

힘이 작용하고 있음에도 불구하고 물체가 움직이지 않았다면, 물체에 작용한 마찰력의 크기와 방향이 옳게 짝지어진 것은?

	마찰력의 크기	마찰력의 방향
①	0N	없다
②	30N	오른쪽
③	50N	오른쪽
④	30N	왼쪽
⑤	80N	왼쪽

나의 풀이

물체가 움직이지 않고 정지해 있을 뿐이니 마찰력도 작용하지 않을 것 같아요. 마찰력의 크기는 0N이고, 방향도 없겠죠? 이거 쉽네, 정답은 ①번이죠!

아빠의 풀이

음, 그렇게 생각할 수도 있겠구나. 하지만, 이렇게 생각해 볼까?

만약 마찰력이 없다면 물체는 오른쪽으로 30N의 힘을 더 받기 때문에 오른쪽으로 움직이게 될 거야. 그런데, 지금 물체가 움직이지 않고 있다고 하네. 왜 그럴까? 바로 마찰력이 작용하고 있기 때문이지.

그렇다면 현재 작용하고 있는 마찰력의 크기도 30N이라고 생각할 수 있어.

방향은 어느 쪽일까?

운동을 방해하는 쪽으로 작용하고 있으니 당연히 왼쪽이겠지?

그러니까 정답은 ④번이지!

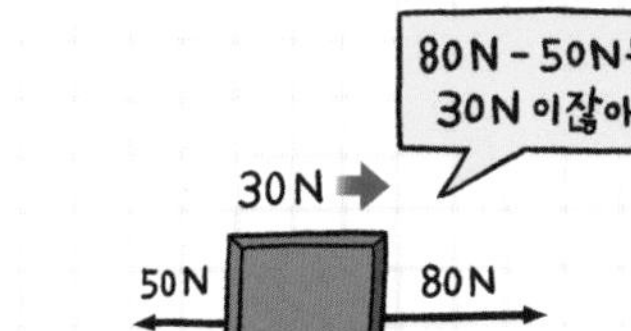

마찰이 없다면 오른쪽으로 30N의 힘이 더 작용하여 오른쪽으로 움직일 것이다.

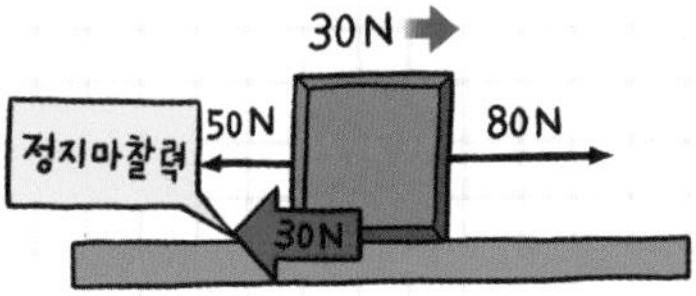

움직이려는 방향(오른쪽)에 대해 반대쪽(왼쪽)으로 정지마찰력이 작용하고 있기 때문에 움직이지 않는 것이다.

Ⅲ

원래 모양으로 돌아가려는 힘, **탄성력**

고무줄, 용수철, 테니스공 같은 물체는 모양이 변형되어도 원래 모양으로 되돌아가려는 성질, 즉 탄성을 가지고 있지. 탄성이 갖고 있는 힘을 탄성력이라고 해. 원래 모양으로 되돌아간다고 해서 어려운 말로 '복원력'이라고도 하지.

모든 물체의 탄성력이 같은 것은 아니야. 밀가루 반죽이나 찰흙 같은 것은 힘을 주어 모양을 변형시키면 그 모양 그대로 남아 있지. 이것은 탄성력이 아주 작기 때문이야. 아, 물론 아빠의 탱탱한 피부는 탄성력이 아주 크단다. 하하.

아빠의 아랫배가 더 탱탱한 게 탄성력이 커 보여요!

녀석! 시선을 다른 곳으로 돌리거라!

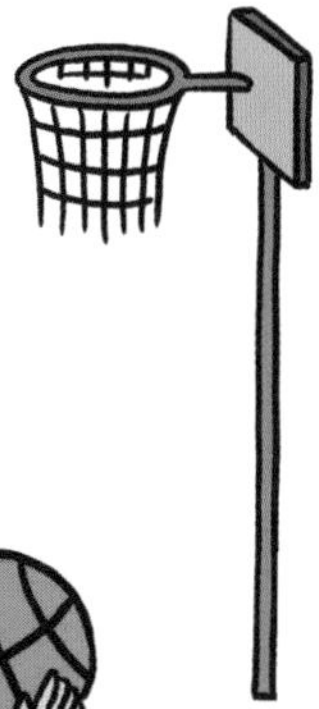

탄성력 역시 일상생활에서 엄청 많이 활용되고 있어. 볼펜 속에 들어 있는 작은 스프링, 양궁 선수들이 잡아당기는 활이나, 코트에서 멋지게 드리블을 하는 농구공도 큰 탄성력을 가지고 있어.

그렇군요! 제가 지금 잡아당기고 있는 고무줄도 그렇고, 아이들이 좋아하는 트램펄린이나 탱탱볼도 탄성력을 이용한 것이죠?

오! 이제 과학소녀로 발돋움을 하려는 건가? 아주 훌륭한데. 먼저 탄성력의 방향에 대해서 생각해 볼까. 용수철을 잡아당길 때, 용수철은 어느 방향으로 되돌아가려고 하지? 잡아당기는 힘에 대해서 반대쪽으로 되돌아가려고 하지. 그래서 탄성력의 방향은 외부 힘과 항상 반대방향이야.

예를 들어 볼게. 화살을 멀리 쏘기 위해선 활시위를 뒤쪽으로 힘껏 당겨야 해. 컴퓨터 자판을 손가락으로 누르면, 키보드 안쪽의 작은 스프링은 자판을 위로 밀어 올리지. 번지점프를 할 땐 몸의 무게 때문에 아래로 떨어지다가 줄의 탄성력 때문에 사람이 다시 위로 튀어 올라 스릴을 느낄 수 있게 되고 말이야. 언젠가 이 아빠도 번지점프에 꼭 도전할 생각이야. 물론, 탄성력 실험이 목적이지!

탄성력의 크기는 그 물체가 탄성을 얼마나 가지고 있느냐와 얼마나 많이 잡아당기거나 밀었느냐에 달려 있어.

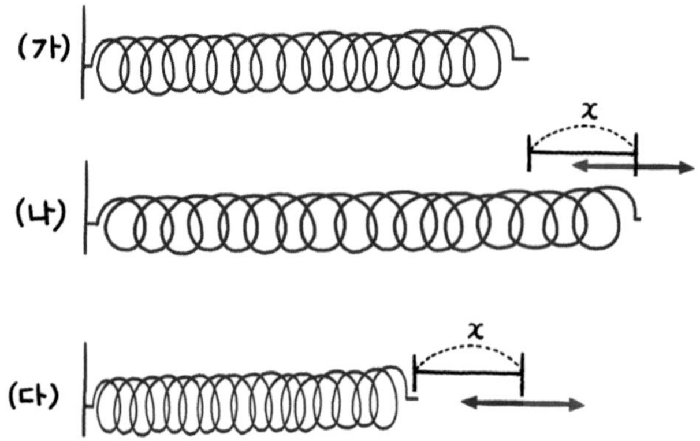

왼쪽 그림처럼 (가)의 모양을 갖고 있는 용수철이 있다고 해 보자. 이때 (나)처럼 용수철에 오른쪽(파란색 화살표)으로 힘을 줘서 잡아당기면, 탄성력은 다시 원래 모양대로 되려는 힘이기 때문에 왼쪽(빨간색 화살표)으로 향하겠지? 그 힘의 크기는 잡아당긴 힘의 크기와 같다는 것을 기억해 줘. 용수철을 세게 잡아당기면, 탄성력도 역시 커진다는 뜻이야.

힘을 가하여 잡아당기는 길이(x)가 늘어날수록 탄성력도 크다는 것을 영국의 과학자 훅(Hooke)이 실험을 통해서 발견했단다. 이것을 간단한 식으로 표현하면,

$$F = -kx$$

여기서 −는 힘이 작용하는 방향과 탄성력의 방향이 반대라는 것을 표시하는 것이니 혼동하지 말길.

k는 물체가 얼마나 탄성을 갖고 있는지를 나타내는 비례 상수야. 용수철상수라고 하는데, 어떤 물체는 k가 크고, 어떤 물체는 k가 작단다. 즉, 물체마다 용수철상수가 다르다는 것은 똑같은 크기의 힘을 가해도 물체마다 늘어나는 정도가 다르다는 뜻이지.

반대로 (다)에서처럼 용수철을 눌렀을 경우에도 마찬가지지. 용수철

은 원래 상태인 (가)로 되돌아가려 하기 때문에 이번에 탄성력의 방향은 오른쪽이 되겠지?

이런 특성을 이용해서 탄성력의 크기를 측정할 수 있어. 예를 들어 1N의 힘을 작용할 때 2cm 늘어나는 용수철이 있다면, 이 용수철에 5N의 힘을 작용하면 얼마나 늘어나게 될까? 전보다 큰 힘을 주었으니 용수철도 그만큼 많이 늘어나겠지. 그럼, 10cm가 늘어나게 되겠구나!

1N → 2㎝

5N → 10㎝

팬티 고무줄의 탄성한계는 얼마일까?

탄성한계는 탄성을 유지할 수 있는 힘의 한계다. 즉 탄성한계를 넘어 버리면 원래 상태로 되돌아가지 못한다.

이 고비를 넘겨라!

1단계 OX 퀴즈

1. 용수철을 잡아당길 때, 탄성력의 크기는 늘어난 길이에 비례한다. (　　)

2. 고무공을 바닥에 떨어뜨리면 탄성력에 의해 다시 튀어 오른다. (　　)

3. 탄성력이 작용하는 방향은 잡아당기는 방향과 같다. (　　)

정답

1. ○. 탄성력의 크기는 작용한 힘의 크기와 같고,
힘이 크게 작용할수록 용수철도 많이 늘어나고 탄성력도 커진다.
2. ○. 고무공은 탄성력이 커서 바닥에 떨어뜨리면 다시 위로 튀어 오른다.
그러나 찰흙과 같은 물체는 탄성력이 작아서 바닥에 떨어뜨리면 튀어 오르지 않고 그냥 바닥에 붙어 버린다.
3. X. 만약 용수철을 오른쪽으로 잡아당겨 늘인다면, 용수철은 왼쪽으로 되돌아가려고 한다. 즉 탄성력의 방향은 물체가 변형되는 방향과 반대로 작용한다.

2단계 개념 잡는 퀴즈

1. 다음 보기에서 탄성력을 이용한 것을 골라라.

〈보기〉
빨래집게 활 브레이크 컴퓨터 자판

2. 그림과 같이 용수철에 쇠구슬을 매단 다음, 쇠구슬 밑에 자석을 가까이 했더니, 용수철이 아래로 살짝 늘어났다. 이 쇠구슬에 작용하고 있는 힘의 종류를 모두 써 보자.

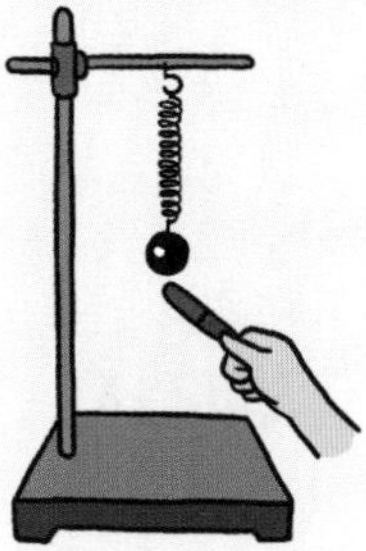

정답

1. 빨래집게, 활, 컴퓨터 자판
빨래집게는 스프링이 있어서 옷가지를 단단히 고정시킬 수 있다.

활은 탄성이 있는 줄을 당겨 화살을 쏠 수 있다. 컴퓨터 자판을 누르면 자판 아래쪽에 있는 작은 용수철 때문에 다시 튕겨 오른다. 브레이크는 바퀴에 마찰력을 일으켜 자동차나 자전거의 속력을 줄인다.

2. 중력, 탄성력, 자기력

쇠구슬을 잡아당기는 힘, 즉 중력이 작용하여 용수철이 늘어난다. 용수철이 원래대로 되돌아가려는 힘, 즉 탄성력은 위쪽으로 작용한다. 이 상태에서 자석을 가까이 하면 자기력이 발생해 쇠구슬을 아래로 잡아당기기 때문에 용수철은 조금 더 늘어난다.

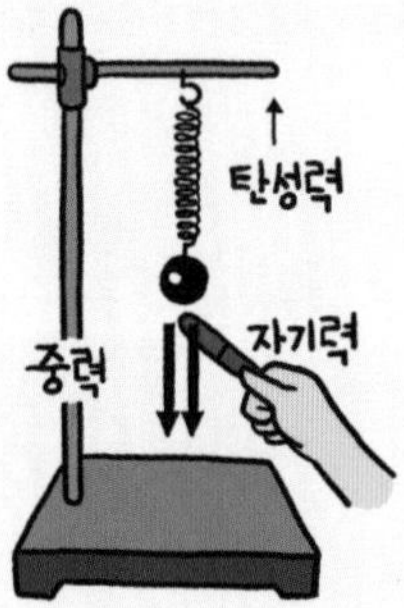

3단계 굳히기 퀴즈

다음 그림과 같이 용수철을 설치하고 추를 매달았다. 추의 개수를 늘리면서 용수철의 늘어난 길이를 측정했다. 추의 개수에 따라 용수철이 늘어난 길이를 그래프로 바르게 나타낸 것은? (단, 용수철의 탄성한계를 넘지 않는다.)

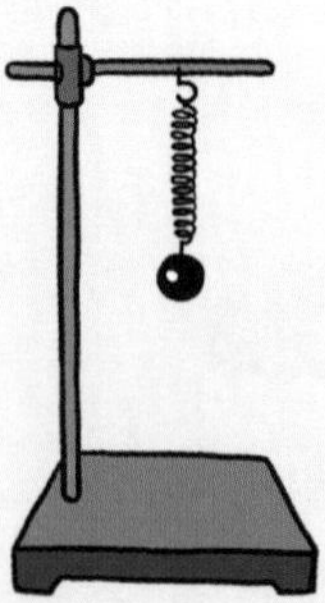

①
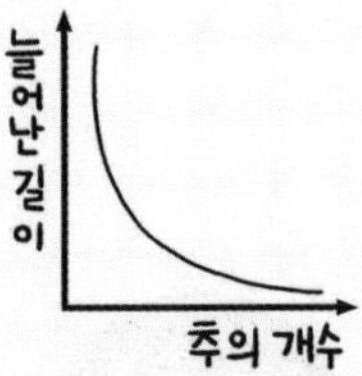

②
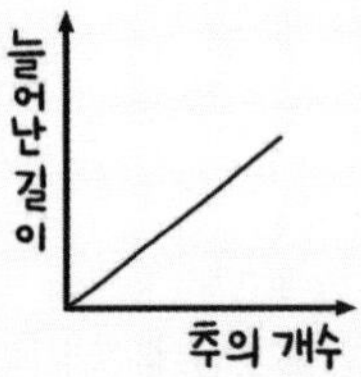

③
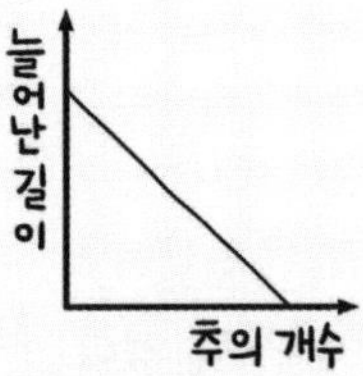

④
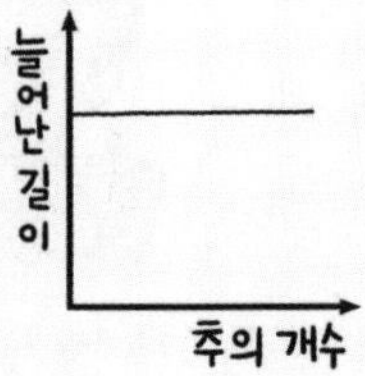

⑤
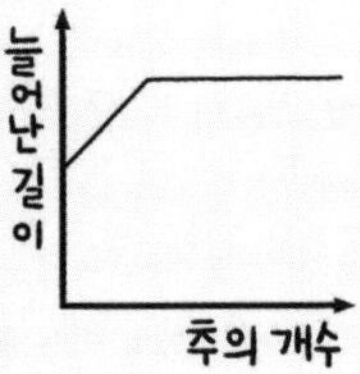

정답

②. 용수철의 늘어난 길이는 용수철에 작용한 힘의 크기에 비례한다.

만약에 탄성이 없다면?

만약에 탄성이 없다면 어떨까? 아침에 일어나 티셔츠를 입으려는데 탄성이 없으니 옷이 늘어나지 않는 거야. 머리가 옷에 꽉 끼어서 고생 좀 하겠지. 풋! 내 머리가 큰 거라고? 흥, 그렇다고 하자. 겨우 겨우 머리를 끼워 넣었더라도 벗을 땐 더 고역일 거야. 차라리 천을 몸에 둘둘 말고 다니는 게 편할 것 같구나. 탄탄한 내 몸매 라인을 보여 줄 수 없어서 아쉽지만 말이야. 윗옷은 그렇다 치자. 팬티는 어쩌지? 고무 밴드를 사용할 수 없으니 팬티가 줄줄 흘러내릴 텐데. 양말을 신기도 어렵고. 난감하다!

자동차를 타고 달리면 어떨까? 탄성이 없는 타이어는 조그만 돌멩이에도 튀어 올라 달리는 내내 차가 들썩대겠지? 좌석도 푹신푹신하지 않으니, 여기저기로 튕겨 나가다 보면 우당탕탕 부딪혀 몸 곳곳이 멍투성이가 되어 버릴 거야. 아이들도 고무줄놀이나 놀이기구는 탈 수도 없고. 총과 같은 무기도 작동하지 않을 거야. 무기가 없어지는 건 좋은 거지만 피아노, 기타 같은 악기도 만들 수 없고 북을 쳐도 튕기지 않으니 제대로 소리가 나지 않을 거야. 이 세상은 삭막하기 그지없겠네.

무지하게 피곤한 날, 침대에 온몸을 맡기고 싶어도 침대가 너무 딱딱해서 오래 누워 있기 힘들겠지.

공의 탄성이 전혀 없다면 어떻게 될까? 스포츠는 이 세상에서 사라져 버리지 않을까? 탄성이 없는 축구공을 생각해 보자. 골키퍼를 속이며 한쪽 구석으로 멋지게 슛을 찰 준비를 하는 거야. 몇 걸음 달려가 힘을 다해 슈웃! 골키퍼가 공을 잡으려고 몸을 날렸겠지. 허나 어째, 공이 그만 찌그러지며 축구화에 달라붙어 버렸으니! 탄성이 없는 야구공도 마찬가지지. 강속구를 받아치면 공이 배트에 철썩 붙어 버리거나, 터져 버릴 거야. 야구 경기에 사용하는 야구공은 매우 단단함에도 불구하고 탄성이 있어서 방망이에 맞으면 반발하여 멀리 날아가는 거라고.

아, 야구 하니 생각난 건데, 최근 한국 프로야구에서 사용하는 공인구의 반발계수가 논란이 되었어. 반발계수란, 특수 장비로 공을 던져 공이 콘크리트 벽을 맞고 어느 정도나 튀어 나오는지를 측정한 값이야. 반발계수가 클수록 방망이에 맞았을 때 더 멀리 나아갈 수 있고, 그라운드에서도 더 빠르게 튈 수 있어. 그래서 공인구의 반발계수 기준을 정했지. 한데 기준을 초과한 공이 만들어져서 의도적이다, 아니다 논란이 벌어진 거야.

요즘 우리 딸도 아빠 말에 또박또박 말대꾸하면서 튕기는 걸로 봐서는 반발계수가 점점 커지는 것 같아. 기준을 정하든지 해야지 어디로 튈지 모르겠단 말이야.

탄성이 없는 세계를 상상해 보니 정말 별로지? 탄성은 우리가 살고 있는 이 세계에, 통통 튀는 재미와 편리, 안전을 만들어 주고 있다는 걸 기억하자고.

탄성력을 이용하는 스포츠가 있지

양궁은 탄성이 좋은 활을 당겨 멀리 떨어진 과녁을 향해 화살을 쏘아 점수를 내는 경기라는 거 잘 알고 있지? 활시위를 당긴 후 놓으면 원래대로 돌아가려는 성질인 탄성으로 인해서 그 힘을 받은 화살이 날아가는 거야. 과녁은 10개의 동심원으로 이루어졌는데 가장 안쪽 중심이 10점이지.

올림픽이나 아시안게임에서 메달을 싹쓸이하다시피 하는 우리 양궁 국가대표팀의 실력은 전 세계에서 독보적이라고 해. 활을 쏘는 실력도 최상급이지만, 실력을 뒷받침하는 과학적인 장비도 큰 몫을 하고 있다는

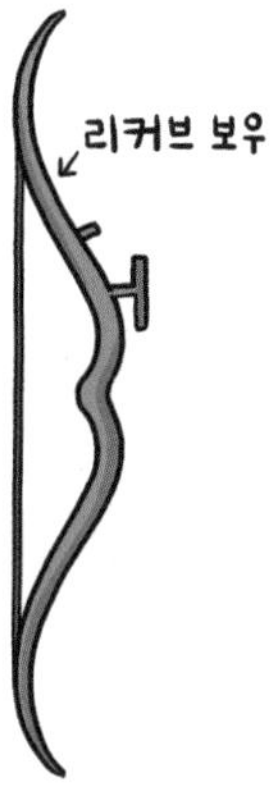

거 알고 있니?

활시위의 강도가 셀수록 당기는 힘이 커야 하고, 그만큼 화살에 실리는 힘 역시 커지기 때문에 활을 쏘면 화살이 보다 빠른 속도로 날아가면서 바람의 영향 또한 덜 받게 된단다. 그래서 선수들은 힘이 들지만 강도가 센 무거운 활을 선호한다고 해.

그리고, 활의 탄성력이 커야 화살이 빠르게 날아갈 수 있기 때문에 활의 줄뿐만 아니라 활의 몸체까지도 탄성을 가지고 있지.

우리나라 전통 활인 국궁은 활의 몸체가 나무로 되어 있지만, 양궁은 몸통 전체가 알루미늄으로 되어 있어. 활의 모양을 보면 양쪽 끝부분이 반대쪽으로 휘어져 있지. 이런 모양의 활을 '리커브 보우(recurve bow)'라고 하는데, 활시위를 더 강하게 잡아당겨 줘서 큰 에너지를 전달해 주기

때문에 화살이 더 빠르게 날아갈 수 있는 거야.

호랑이쯤은 활로 잡던 명사수들을 조상으로 둔 데다가 이런 과학적 기술의 뒷받침이 있으니 올림픽 메달 싹쓸이가 가능한 것 아니겠어?

탄성력을 이용하는 또 다른 스포츠를 볼까?

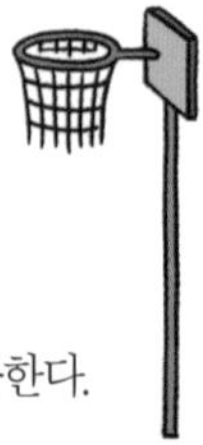

탄성력을 이용해서 농구공을 드리블한다.

번지점프는 뛰어내릴 때 몸에 매단 줄이 늘어났다가 원래대로 돌아오려는 탄성력으로 인해 다시 튀어 올라 스릴을 느낄 수 있다. 만약 줄에 탄성이 없다면, 생각만 해도 아찔하다!

당구공이 모서리 벽에 부딪혔다가 탄성력으로 인해 벽에서 튕겨져 나온다.

장대높이뛰기 선수가 들고 뛰는 장대는 휘어지다가 원래대로 돌아오려는 탄성을 가지고 있어서 선수가 탄성력을 받아 더 높이 오를 수 있다.

절대 헷갈리지 마!

탄성의 정도가 다르지만 길이가 같은 각 용수철에 질량이 다른 추를 매달았더니 다음 그림과 같이 늘어났다.

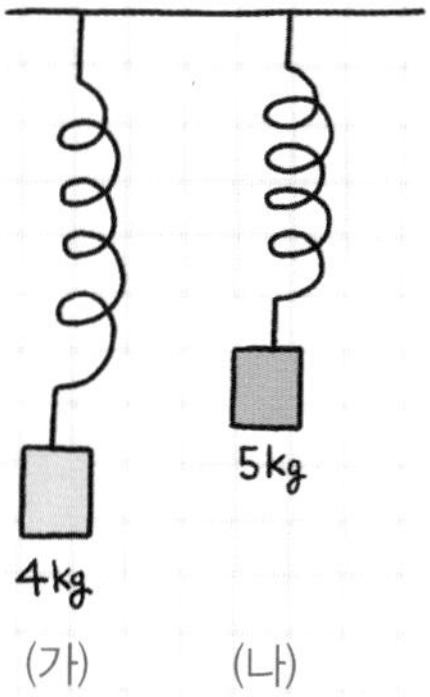

1. 각 추에 작용하는 탄성력의 방향은?

2. 탄성력이 더 크게 작용하는 용수철은?

나의 풀이

1. 추의 무게 때문에 용수철은 아래쪽으로 늘어나게 되고, 원래대로 돌아가려는 힘이 탄성력이니까 탄성력의 방향은 위쪽이지!
2. 용수철이 많이 늘어날수록 탄성력이 큰 법이니까, 탄성력이 크게 작용하는 용수철은 당연히 (가)일 거야!

아빠의 풀이

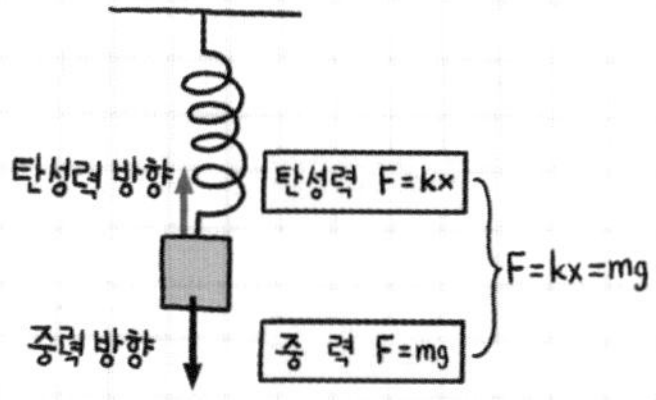

1. 오! 이제 힘의 방향을 제대로 알고 있구

나! 중력은 항상 연직방향으로 작용하니까 용수철을 아래로 잡아당기고 있고, 반대로 탄성력은 위로 작용하게 되지.

2. 무거운 물체를 매달면 더 많이 늘어나는 건 맞아.
그러나 동일한 용수철인 경우에 그렇단다. (가)에 작용하는 중력은 $4\times9.8N$이고, (나)에 작용하는 중력은 $5\times9.8N$이지.
아래로 작용하는 중력만큼 탄성력이 작용하기 때문에, 탄성력의 크기는 (나)가 더 크다고 할 수 있어.
그럼 (가) 용수철에 작용하는 힘은 작은데 왜 더 많이 늘어난 것일까?
그건 (가) 용수철이 더 잘 늘어나도록 만들어졌기 때문이야.
용수철은 용도에 따라 늘어나는 정도를 다르게 만들거든.
그 늘어나는 정도를 우리는 '용수철상수'라고 불러.
k로 표현한다고 앞에서 이야기했지?
용수철상수(k)가 크다는 것은 그만큼 강한 용수철이라는 것이니, 같은 힘을 작용하더라도 용수철상수가 작은 용수철이 잘 늘어난단다.

Ⅳ

합치기도 하고 빼 수도 있는 힘

아빠, 이번에 역사 선생님이 모둠 과제를 주셔서요, 토요일에 친구들이랑 모여서 함께 준비하기로 했어요. 그런데 다들 바빠서 시간 맞추기도 쉽지 않고, 혼자 하는 숙제보다 모둠으로 함께하는 게 더 힘들어요.

그래, 맞아! 그러니까 마음을 모으고 힘을 합쳐야지!
힘이란 방향을 가지고 있어서 합쳐지기도 하고, 뺄 수도 있으니까.

설마 지금, 과학 이야기를 꺼내시는 건가요?

이제야 눈치 챈 거야? 그럼 본격적으로 얘기해 볼까.

두 사람이 같은 방향으로 5N, 4N의 힘을 주면서 상자를 밀고 있다고 해 보자. 두 힘은 합쳐져서 9N이 되겠지.

반대로 두 사람이 서로 반대방향으로 5N, 4N의 힘을 주면서 상자를 밀고 있다고 해 보자. 이 힘은 서로 반대방향으로 작용하고 있으니, 힘의 합력은 9N이 아니라 오른쪽 방향으로 1N이 되겠지.

물론, 두 사람이 서로 같은 크기의 힘으로 민다면, 상자는 움직이지

않겠지? 힘의 크기가 같은데 서로 반대방향으로 작용한다면 그걸 힘의 평형 상태라고 해.

힘은 화살표로 표시할 수 있어. 힘이 크면 화살표의 길이를 길게, 힘이 작으면 화살표의 길이를 짧게 그리면 되지. 참 쉽지?

같은 방향으로 작용하는 힘은 더하기(+)

무거운 수레를 당길 때 뒤에서 밀어 주면 쉽게 움직인다. 같은 방향으로 힘을 주면 힘이 더해져서 쉽게 움직이기 때문에.

반대방향으로 작용하는 힘은 빼기(−)

무거운 수레를 앞으로 끌 때 뒤에서 반대방향으로 잡아당기면 힘이 더 든다. 반대방향으로 힘을 주면 힘이 빠지기 때문에.

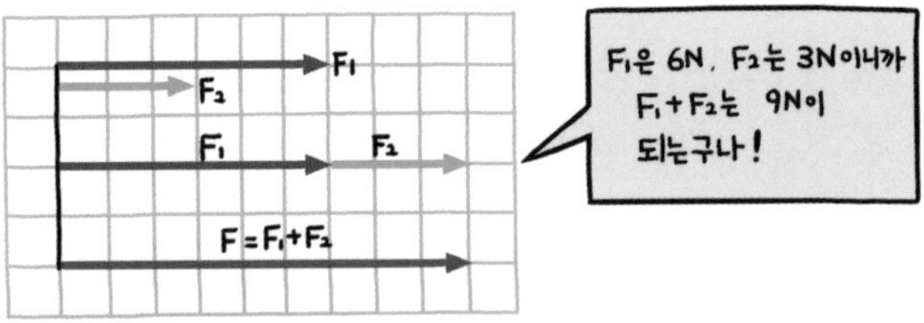

같은 방향으로 작용할 때 두 힘의 합력

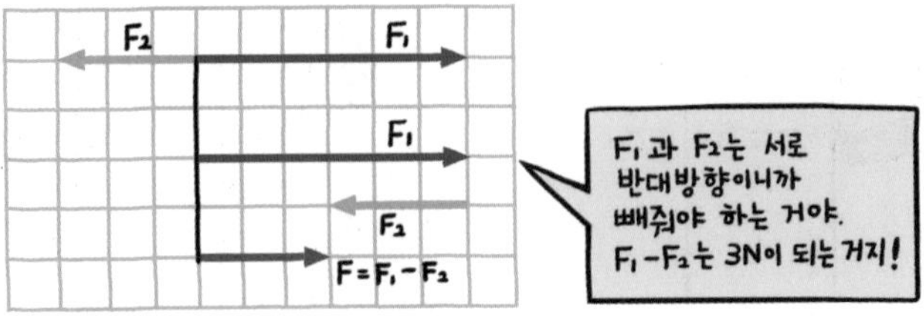

반대방향으로 작용할 때 두 힘의 합력

그러니까 친구들이랑 모둠 과제를 할 때, 한마음이 되어서 힘을 합치면 그 힘이 더해지고 더해져서 강력해지는 거지. 협동의 힘이 거기서 나오는 거라고!

아빠, 인생은 과학 법칙과 다르다구요. 우리가 다 같은 생각을 갖고 있는 건 아니잖아요.

당연하지! 실제로 이 세상엔 힘이 정확히 같은 방향, 또는 반대방향으로만 작용하지는 않아. 크고 작은 다양한 힘이 다양한 방향으로 작용하고 있거든.

만약 나란하지 않은 방향으로 두 힘이 작용하고 있다면, 두 힘의 합력은 평행사변형을 이용해서 구할 수 있어. 두 힘이 이루는 각이 작을

NEW

한걸음 더

'평행사변형법'으로 힘의 합력 구하기

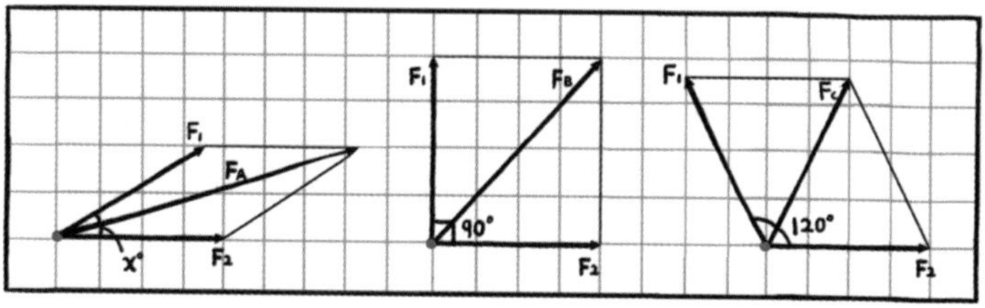

한 물체에 나란하지 않게 두 힘 F_1과 F_2가 작용할 때 합력을 구하려면, '평행사변형법'을 이용하면 된단다.

먼저 F_1과 나란하게 점선을 F_2의 화살표 끝에서부터 그리고, 또 F_2와 나란하게 점선을 F_1의 화살표 끝에서부터 그려 보자. 그러면 두 개의 힘과 두 개의 점선으로 둘러싸인 평행사변형이 만들어지게 되지? 두 힘이 만나는 작용점에서 반대편 꼭짓점까지 평행사변형의 대각선을 그리면 끝! 이 대각선의 길이가 합력의 크기가 되고, 대각선의 방향이 합력의 방향을 나타내는 거야.

나란하지 않은 두 힘의 합력의 크기는 두 힘이 이루는 각(θ)의 크기에 따라 변하는데, 두 힘이 이루는 각이 작을수록 두 힘의 합력은 커지는 거란다.

$F_A > F_B > F_C$

수록 힘의 합력은 커지고, 이루는 각이 클수록 힘의 합력은 작아지는 거야.

친구들이 모여서 과제의 주제나 발표 스타일에 대하여 함께 토론할 때, 서로 의견이 달라서 힘들 때가 있지? 그건 어쩌면 당연한 거야. 서로 다른 것은 인정해 주고, 의견의 차이를 좁혀 가면서 방향을 정해 나가는 것이 너희들에겐 아주 중요한 배움의 과정이라고 생각해.

알겠어요. 힘의 합력을 최대로 만들도록 해 볼게요! 하지만, 아빠 설명대로 힘이 오히려 작아질 수도 있다는 거 아시죠? 히히.

두 힘이 서로 평형을 이루려면

이 고비를 넘겨라!

1단계 OX 퀴즈

1. 힘의 3요소는 힘의 크기, 방향, 작용점이다. (　　)

2. 1N을 화살표 1cm로 나타냈다면, 10N은 화살표 10cm이다. (　　)

3. 힘의 평형 상태라면, 두 힘의 크기와 방향이 일치해야 한다. (　　)

정답

1. ○. 힘의 3요소는 힘의 크기, 방향, 작용점이다.

힘의 3요소에 따라 방향이 변하거나 속력의 변화가 생긴다.

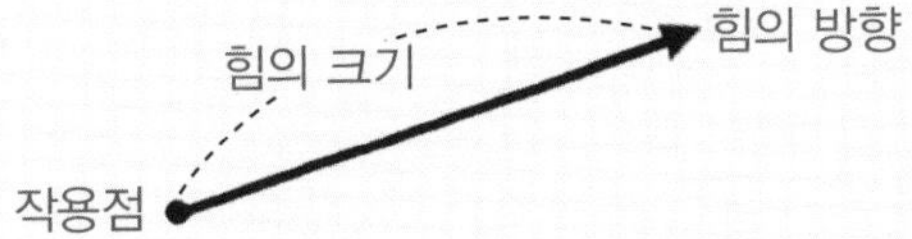

2. ○. 힘의 크기는 화살표의 길이로 나타낸다.

3. X. 두 힘이 평형을 이루기 위한 조건은 ① 힘의 크기가 같다. ② 두 힘의 방향이 반대이다. ③ 방향이 일직선상에 있어 나란해야 한다.

2단계 개념 잡는 퀴즈

1. 한 물체에 두 힘 10N, 12N이 서로 반대방향으로 작용할 때 합력의 크기와 방향은?

2. 크기가 같은 두 힘이 〈보기〉와 같이 작용하고 있을 때 합력의 크기가 큰 순서대로 나열하시오.

〈보기〉

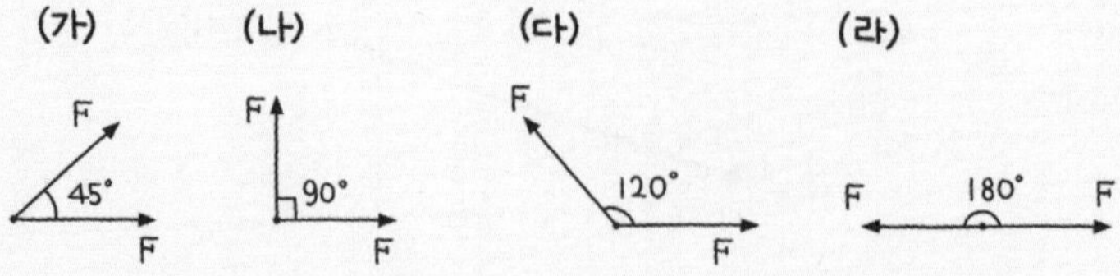

정답

1. 왼쪽으로 2N. 힘은 방향에 따라 더하거나 뺄 수 있다. 오른쪽에서 왼쪽으로 미는 힘이 2N 더 크니, 물체에 작용하는 힘은 왼쪽으로 2N이다.

2. (가), (나), (다), (라). 나란하지 않은 두 힘의 합력은 두 힘을 변으로 하는 평행사변형을 그려서 구할 수 있다.

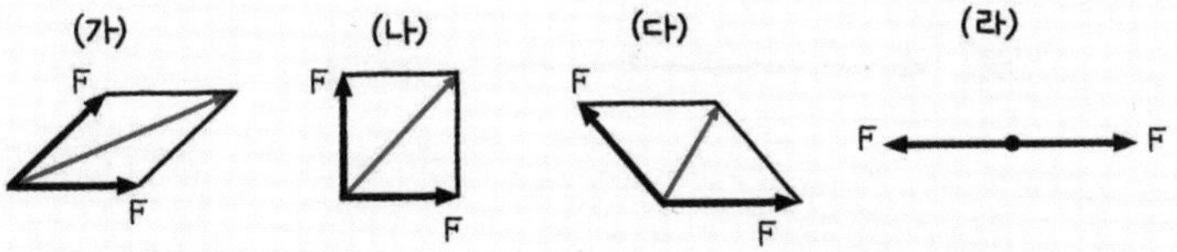

합력이 가장 큰 것은 (가)이고, 다음은 (나), (다) 순이다.

(라)의 경우는 두 힘의 크기가 같고 방향이 반대이므로 합력은 0이다.

두 힘이 이루는 각이 작을수록 두 힘의 합력은 커진다.

3단계 굳히기 퀴즈

1. 다음 그림과 같이 3N과 4N의 두 힘이 작용하고 있을 때, 두 힘이 이루는 각이 처음에는 180°였다가 점점 사이의 각이 좁아져서 0°, 즉 두 힘이 겹쳐질 때까지 O점에 작용하는 합력의 범위는?

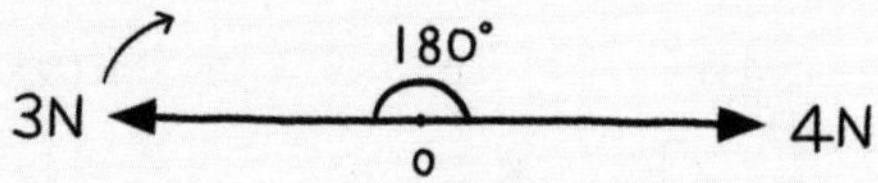

① 0N < F < 1N ② 1N < F < 7N

③ 0N < F < 7N ④ 1N ≤ F ≤ 7N ⑤ 0N ≤ F ≤ 7N

2. 어떤 물체에 동시에 작용하는 네 힘의 크기와 방향을 나타낸 것이다. 이 네 힘의 합력의 크기와 방향은? (단, 눈금 한 칸의 크기는 1N이다.)

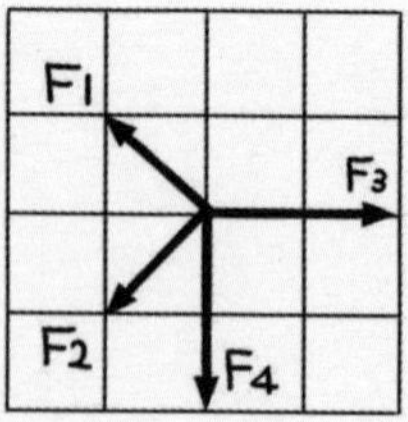

정답

1. ④

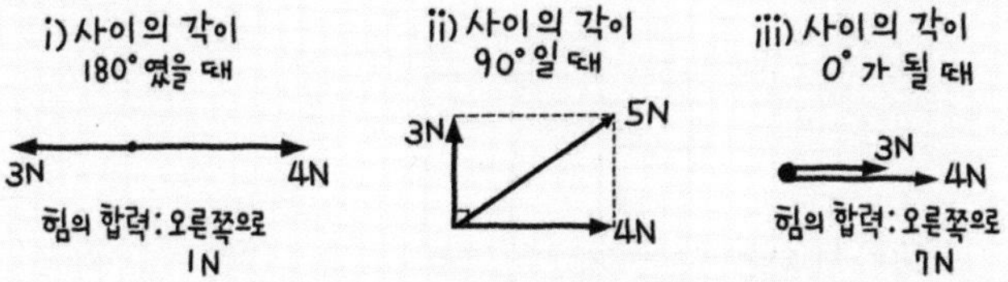

두 힘이 이루는 각이 180°였을 때에는 힘의 합력이 오른쪽 방향으로 1N이었다가 사이의 각이 좁아지면서 합력이 점점 증가한다.

사잇각이 0°가 되어 두 힘이 오른쪽으로 완전히 겹쳐져서 작용하게 되면 합력은 7N이 된다.

2. 힘의 합력은 2N, 힘의 방향은 F_4와 일치.

(가)와 같이 F_1과 F_2의 합력을 먼저 구해 보자. 그리고 같은 방법으로

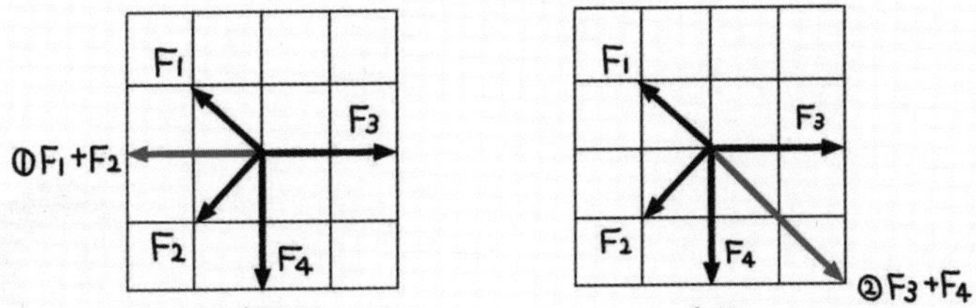

(가) (나)

(나)와 같이 F_3와 F_4의 합력을 구할 수 있다.

결국 $F_1+F_2+F_3+F_4$의 합력을 구하는 것은 (다)처럼

①F_1+F_2와 ②F_3+F_4의 합력을 구하는 것과 같다.

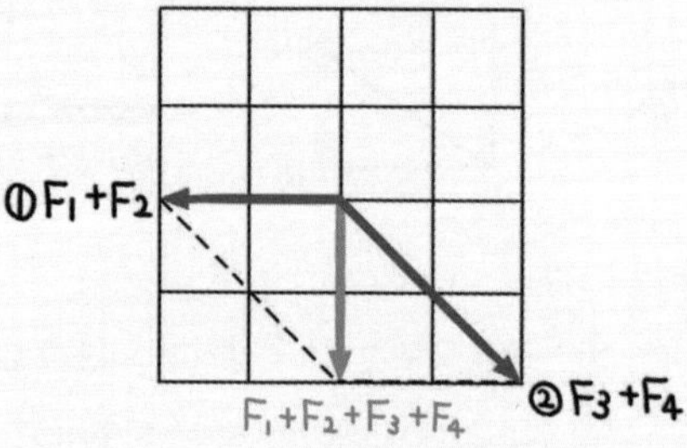

(다)

즉, 힘의 합력은 2N이고, 힘의 방향은 F_4와 일치한다.

우주에서 힘의 법칙은?

우주탐사선 속에서 사람들이 공중에 둥둥 떠 있기도 하고, 이리저리 휙휙 움직이기도 하는 걸 영화에서 본 적이 있을 거야. 중력의 영향을 받지 않기 때문에 우주선 내부에서 이리저리 움직이기도 하고, 컵이나 물방울이 공중에 떠 있기도 하지.

중력의 영향권에서 벗어나 있으니 가능한 일이고, 작은 힘을 주어도 영향을 받게 되는 곳이기 때문에 힘과 운동에 대해서 실험할 수 있는 좋은 장소라고 할 수 있어.

하지만 우주선 밖으로 나가서 실험을 할 때에는 조심해야 해. 공기의 저항이나 마찰이 없으니 살짝만 힘을 주어도 멀리 날아가 버릴 수 있기 때문이지.(가속도의 법칙) 어떤 천체의 중력권에 들어가기 전까지는 계속 그 방향으로 날아가게 될 거야. 날아가던 우주선도 마찬가지야. 엔진을 꺼도 그 속도로 계속 움직이지.(관성의 법칙)

우주인끼리 반갑다고 힘껏 하이파이브를 한다면 서로 반대방향으로 멀리 날아가 영영 이별을 해 버릴지도 몰라! 우주에서 야구공을 던진다면, 야구공도 날아가지만 그 반작용으로 우주인도 뒤로 밀려나게 될 거

야. 물론 우주인이 야구공보다 훨씬 무거우니 야구공의 속도에 비하면 느리게 움직이겠지만. 만약 야구공을 훨씬 빠르게 던진다면 그 반작용도 그만큼 커지게 되어 우주인도 좀 더 빠르게 뒤로 밀려나겠지.(작용 반작용의 법칙)

지구에서는 땅을 발로 밀면서 사람이 움직일 수 있지만, 우주에서는 공중에 떠 있는 상태로는 아무것도 밀어낼 수 없으니 움직이려고 해도 버둥거리기만 할 뿐이야.

그렇다면, 우주인이 있는 힘껏 방귀를 뀌면 반작용으로 날아갈 수 있을까? 음! 강하고 독한 가스 때문에 우주인이 날아가기보단 질식해서 쓰러질걸. 우주복은 내부 공기가 밖으로 빠져나갈 수 없도록 설계가 되어 있거든. 만약 엉덩이 부분에 가스를 분출할 수 있는 곳을 만들어 지속적으로 방귀 가스가 빠져나갈 수 있다면 우주인은 아이언맨처럼 날아다닐 수 있을 텐데! 좀 지저분하긴 해도 친환경적인 우주여행이라고. 너무 멋지지 않니?

하지만 조심해. 밀폐된 우주선 내부에서 방귀를 뀌면 방귀의 성분 중 수소와 메탄이 인화성이 있어 불꽃과 만나 폭발을 일으킬 수 있다고 하니까. 그래서 우주에서는 가스가 덜 나오는 식사를 한다는구나!

힘의 균형을 잡아야 하는 스포츠가 있지

기계체조란 철봉, 뜀틀, 평행봉, 링, 평균대 등의 운동 기구를 사용하여 하는 체조를 말해.

그중 링 경기는 2개의 긴 줄에 지름 18cm의 링이 달려 있는데, 손으로 그 링을 잡고 두 팔만으로 몸을 지탱하면서 버티기, 회전하기 등을 시도하는, 매우 큰 힘이 요구되는 종목이야.

특히 십자 버티기는 강한 힘과 균형을 요구하는 아주 어려운 묘기란다. 그림에서처럼 선수의 몸무게를 W라고 할 때, 십자 버티기를 하려면 팔을 수평으로 뻗어 각 손목 부분이 W의 몸을 지탱하기 위해 W의 힘을 써야 하기 때문에 어깨와 팔, 손목 모두 강한 힘이 필요하지. 두 팔을 수평으로 뻗어 힘 평형 상태로 정해진 시간을 버텨 내야 하는데, 균형을 잃어 팔이 굽으면 감점이 된단다.

옆의 그림처럼 두 사람이 한 물체를 동시에

드는 경우를 생각해 볼까. 두 사람이 물체를 드는 힘 사이의 각이 클수록 각각의 사람이 드는 힘의 크기가 커져야 하기 때문에 더 힘들 수밖에 없겠지. 그러니 십자 버티기처럼 거의 180°가 될 만큼 각을 크게 벌려 몸을 지탱하려면 엄청난 힘이 요구되는 것은 당연한 일이야.

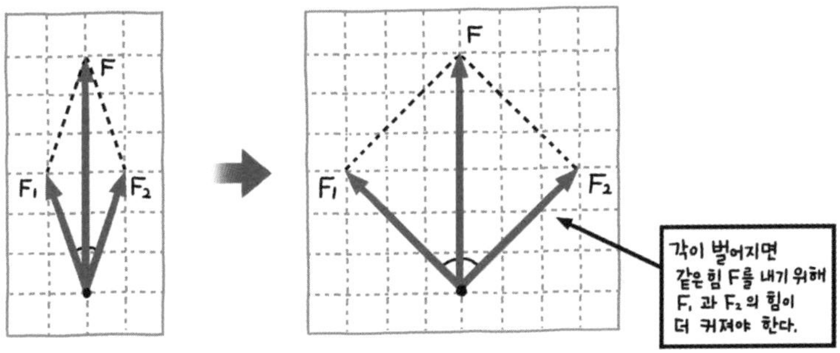

절대 헷갈리지 마!

원래 길이가 10cm인 용수철에 20N의 무게를 갖고 있는 추를 매달아 늘어난 길이를 측정했더니 그림 (가)와 같았다. 이 용수철에 100N의 물체를 매달았더니 그림 (나)처럼 늘어나다가 책상면에 닿게 되었고, 이때 늘어난 길이는 18cm였다.

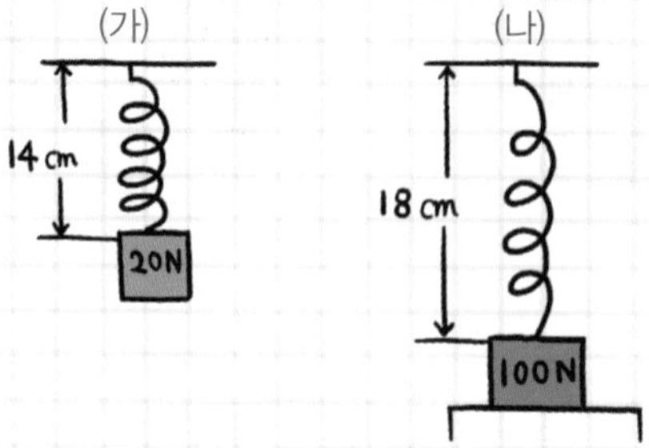

이때 물체가 책상을 누르는 힘은 몇 N인가?

① 10N ② 20N ③ 40N ④ 60N ⑤ 100N

나의 풀이

100N의 물체가 책상 위에 있으니 물체가 책상을 누르는 힘은
당연히 100N이죠. 용수철이 위에 달려 있긴 해도
어차피 책상 위에 올려져 있으니까요. 그러니까 정답은 ⑤번이죠!

아빠의 풀이

오, 저런! 만약 용수철이 없이 100N의 물체가 책상 위에 놓여져 있다면,
물체가 누르는 힘은 100N일 거야. 그런데 위에 용수철이 매달려 있고
탄성력이 작용하고 있으니까 상황은 달라진단다.
먼저 (가)를 보면 20N의 물체가 매달릴 때 용수철은 4cm가 늘어난다는 것을
알 수 있지. 그렇다면 (나)에서 100N의 물체가 매달렸으니 용수철은 20cm는
늘어나야 하는데, 책상이 있기 때문에 8cm만 늘어나게 되었지.
그렇다면 물체의 위쪽으로는 늘어난 8cm만큼의 탄성력, 즉
40N의 힘이 작용하고 있다는 걸 알 수 있어. 결국 물체는
무게 100N 중에서 위쪽으로 잡아당기는 탄성력 40N
을 뺀 60N만큼만 책상을 누르고 있는 거란다.
그러니 정답은 ④번이야!

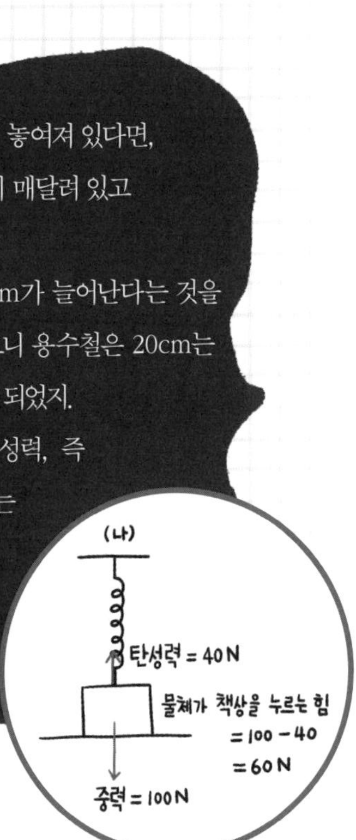

V

속력과 가속도로 표현하는 물체의 운동

나처럼 착한 사람에게 경찰서에서 왜 우편물을 보냈지? 어디 보자.
앗! 지난번 고속도로에서 과속 감시카메라에 찍혔네! 이런!

그렇게 빨리 지나가는 차들의 속력을 측정해서 사진까지 찍다니,
진짜 신기해요!

분명히 속도를 잘 지키면서 왔다고 생각했는데, 100km/h를
초과했나 봐. 자동차 번호판이 선명하기도 하다, 흑!
말이 나온 김에, **오늘은 속력과 속도에 대해서 알아볼까?**

먼저 이동 거리와 변위라는 개념부터 알아보면 좋겠네. 자주 헷갈리거든.

이동 거리란 말 그대로 물체가 이동한 거리를 나타내는 것이고, 변위는 처음과 끝을 연결한 직선거리라고 할 수 있어.

예를 들어 동쪽으로 6m를 갔다가 서쪽으로 10m를 되돌아왔다면, 이동 거리는 16m이지만 변위는 서쪽으로 4m가 되는 거야. 이 개념은 속력과 속도의 차이를 이해할 때에 꼭 필요해.

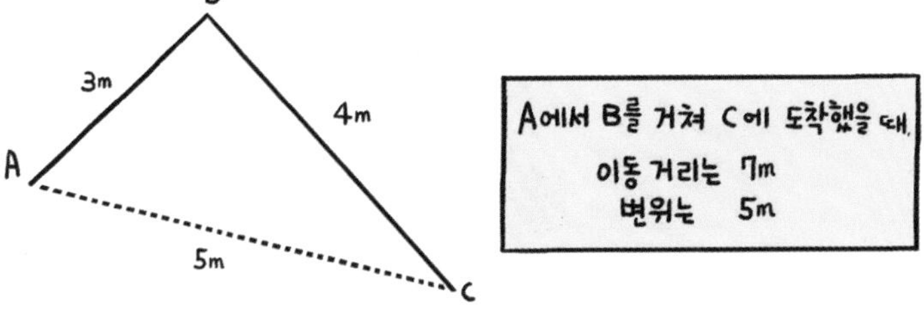

속력이란 물체의 빠르기를 나타내는 것인데, 어떤 정해진 시간 동안 얼마나 이동하느냐를 계산하는 거지. 즉, 시간당 이동 거리라고 할 수 있고, 단위는 주로 m/s나 km/h를 쓰고 있어.

$$\text{속력} = \frac{\text{이동 거리}}{\text{시간}} \qquad \text{속도} = \frac{\text{변위}}{\text{시간}}$$

어떤 사람이 100m를 20초 만에 달렸다면, 속력은 100m/20초, 즉 5m/s가 되겠지? 하지만 이 사람이 처음부터 끝까지 5m/s의 속력으로 일정하게 달린 건 아니야. 평균적인 속력이 그렇다는 거지, 움직이는 순간 순간의 속력은 계속 변하는 법이지. 우리는 평균속력과 순간속력을 구분할 수 있어야 해.

토끼와 거북이 경주에서 순간속력이 빠른 건 당연히 토끼지만, 중간

에 잠을 자느라 거북이보다 늦게 도착했으니 평균속력은 오히려 거북이가 빨랐던 것처럼 말이야. 아빠도 평균적으로 규정을 잘 준수했는데, 때마침 단속 카메라가 있는 시점에서만 순간속력이 빨랐던 거라고!

그럼, 속력이 빨라졌다 느려졌다 하는 건 무엇 때문이죠?

결국은 힘 때문이라고 할 수 있지. 우리 주변에는 많은 움직임들이 있어. 높은 곳에서 빗방울이 떨어지기도 하고, 야구 방망이로 때린 공이 멀리 날아가기도 하고. 이런 운동들이 일어나려면 힘이 필요하거든.

물체에 힘을 계속 가해 주면 물체의 속력은 점점 빨라져. 어떤 물체를 공중에서 떨어뜨린다고 해 보자. 그 물체는 우리가 따로 힘을 주지 않아도 중력이 계속적으로 작용하고 있기 때문에 낙하하는 동안 속력이 점점 빨라지는 거야.

반대로, 어떤 물체가 앞으로 진행하고 있는데 반대방향으로 마찰력이

- **속력**(speed) 빠르기의 정도만을 나타내는 물리량이다.
- **속도**(velocity) 빠르기의 정도와 방향을 함께 나타내는 물리량이다. 속력이 같아도 움직이는 방향이 다르면 속도가 다르다. 어떤 물체가 반대방향으로 움직일 경우 (–)를 붙인다.

작용해서 운동을 방해하고 있다면 어떻게 될까? 속력이 점점 줄어들겠지.

힘이 운동 방향과 같은 방향으로 작용할 때 : 속력 증가

힘이 운동 방향과 반대방향으로 작용할 때 : 속력 감소

자동차를 운전할 때 가속페달을 계속 밟으면 자동차에 힘이 가해져 속력이 빨라지지. 자동차가 움직이는 방향으로 힘이 더해졌기 때문에 속력이 점점 빨라지는 거야. 반대로 움직이고 있는 자동차에서 브레이크를 밟으면 자동차는 속력이 점점 줄어들다가 나중에는 멈추게 돼. 브레이크를 밟으면 움직이는 방향에 대해서 반대방향으로 힘이 작용하기 때문이지.

만약 움직이는 물체에 힘을 더 크게 작용하면 그만큼 속도가 변화하는 정도가 커질 것이고, 힘을 조금 주면 속도 변화는 크지 않을 거야.

어떤 일정한 시간 동안 속도가 변화하는 정도를 나타낸 것을 우리는 가속도라고 부르고, 단위는 m/s^2이야.

힘에 영향을 주는 건 운동 방향만이 아니야. 물체의 질량도 힘에 영향을 주지. 물체의 질량이 크면 클수록 움직이거나 멈추게 하려고 할 때 더 큰 힘이 필요해. 같은 크기의 힘을 주어도 가벼운 물체가 더 빠르게 움직이게 된단다.

무거운 볼링공은 천천히 이동한다. (가속도 작음)

가벼운 야구공은 빠르게 이동한다. (가속도 큼)

그래프로 그려 보면, 이렇게 표현할 수 있어.

$$\text{가속도} = \frac{\text{힘의 크기}}{\text{질량}}$$

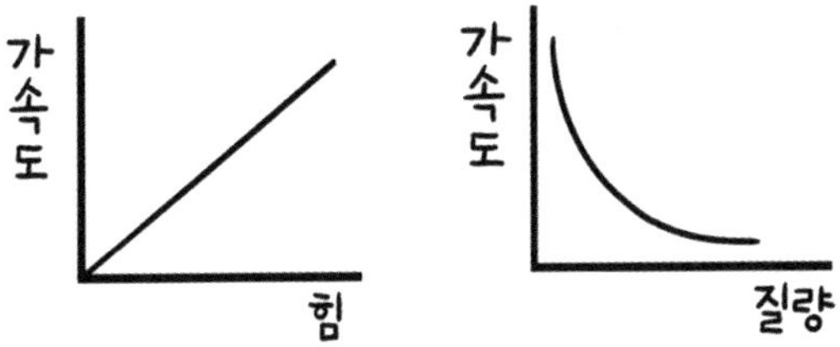

힘은 물체의 속력뿐 아니라 운동하는 방향을 바꾸기도 해. 힘이 운동

방향과 나란하지 않게 작용하면 말이지. 힘이 세게 작용하면 방향이 많이 바뀌겠지? 투수가 던진 야구공을 타자가 방망이로 때리면, 딱 하고 맞는 순간 방향과 속력이 바뀌면서 날아가는 걸 생각하면 쉽게 이해가 되겠네.

놀이공원에 갔을 때 탔던 바이킹을 생각해 볼까?

바이킹이 위로 올라갔다가 아래로 내려오면서 속력이 점점 빨라지고, 바닥과 가까운 지점부터 위로 올라가면서는 다시 속력이 느려지잖아. 왕복운동을 하고 있으니 방향도 계속 바뀌고. 이렇게 시계추처럼 움직이는 진자운동은 속력과 방향이 모두 바뀌는 대표적인 운동이란다.

바이킹을 타면 방향과 속도가 자꾸 바뀌어서 아이들이 재밌어하는 거군요? 난 무섭던데.

오! 과학적 센스가 점점 충만해지고 있는걸?

놀이공원에서 놀이기구를 탈 때 재미를 느끼는 건 속력과 방향이 바뀔 때 생기는 가속도 때문이란다. 바닥과 가까운 지점을 지나며 속력이 가장 빠를 때, 그리고 최고점에서 방향이 바뀔 때 바이킹은 가장 재미있지.

하지만, 모든 물체가 속력이 변하면서 가속되거나 감속되는 건 아니야. 힘이 작용하지 않으면 물체는 원래 운동 상태를 유지하게 되지. 멈춰 있는 물체는 외부에서 힘이 작용하지 않는 한 영원히 멈춰 있을 테고, 외부에서 작용하는 힘, 즉 마찰력처럼 운동을 방해하는 힘이 없는 곳에서 공을 굴리면 그 공은 끝없이 한쪽 방향으로, 일정한 속력으로 굴러가게 될 거야. 이렇게 일정한 속도로 움직이는 경우를 '등속 운동'이라고 해.

우리가 공을 차거나 굴리면 잠시 후 서게 되는 이유는, 공에 작용하는 마찰력과 공기의 저항 때문이라는 건 이미 알고 있지?

멈춰 있던 물체는 계속 멈춰 있으려 하고, 움직이는 물체는 계속 움직이려는 성질을 관성(慣性)이라고 해. 관성은 쉽게 경험할 수 있는데, 버스가 갑자기 멈추면 우리 몸은 계속 앞으로 가려는 성질 때문에 몸이 앞으로 쏠리게 되지. 반대로 멈춰 있던 버스가 갑자기 앞으로 출발하면 우리 몸은 계속 멈춰 있으려는 성질 때문에 뒤로 쏠리게 되는 것이고.

맞아요. 지난번에 버스 타고 가는데 졸다가 버스가 급정거할 때 그만 넘어졌지 뭐예요. 얼마나 창피하던지!

흐흐흐. 관성을 제대로 경험했구나! 그 외에도 우리 주변에서 관성에 의한 현상을 쉽게 확인할 수 있어. 먼지는 그 자리에 그대로 있으려고 하는데 이불을 탁탁 털면서 움직이면 먼지가 떨어져 나가는 것, 종이컵 위에 종이를 놓고 그 위에 동전을 올려놓은 다음 종이를 쳐서 밀면 동전이 컵 속으로 떨어지는 것, 뛰어가다가 돌부리에 걸리면 앞으로 넘어지는 것 모두 관성 때문이라고 할 수 있지.

그런데, 무거운 물체일수록 움직이거나 멈출 때 더 큰 힘이 필요해. 무거울수록 쉽게 움직이지 않으니 관성도 크다고 할 수 있지. 즉, 관성의 크기는 질량에 비례한다는 말씀!

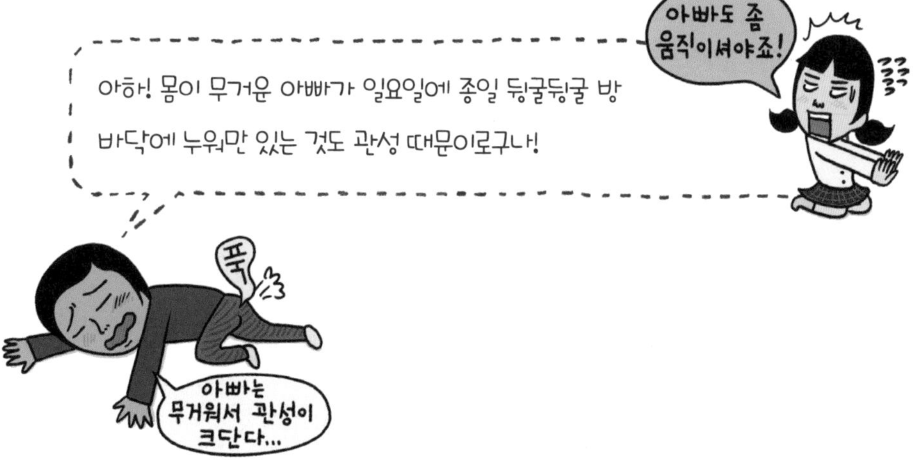

정복하자, 속력-시간 그래프

물체의 운동은 그래프로 표현하면 이해가 좀 더 쉽단다. 과학 공부를 할 땐, 그래프를 주의 깊게 보면 좋아!

1) 등속 운동

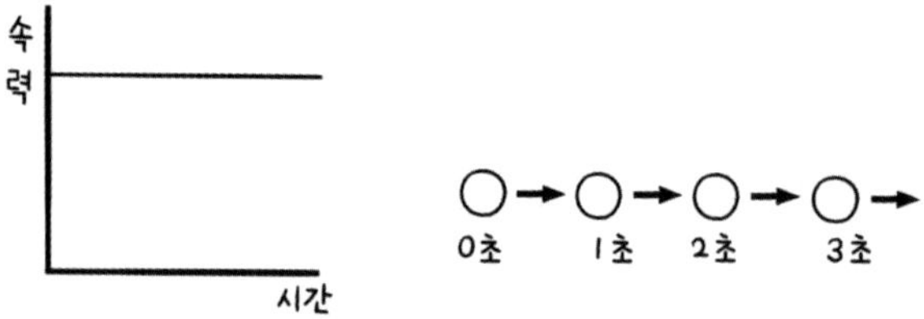

시간이 지나도 속력은 변화가 없이 일정하다. 이 그래프는 속력이 일정한 등속 운동을 나타낸다.

2) 등가속도 운동 (가속도 > 0)

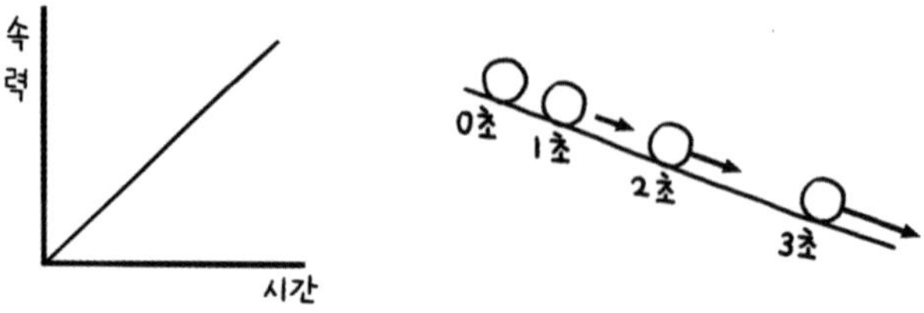

시간에 따라 속력이 일정하게 빨라진다. 시간에 따라 속력이 빨라지는 정도가 일정하기 때문에 '등가속도 운동'이라고 부른다.

속력-시간 그래프의 밑넓이는 이동 거리를 나타낸다.

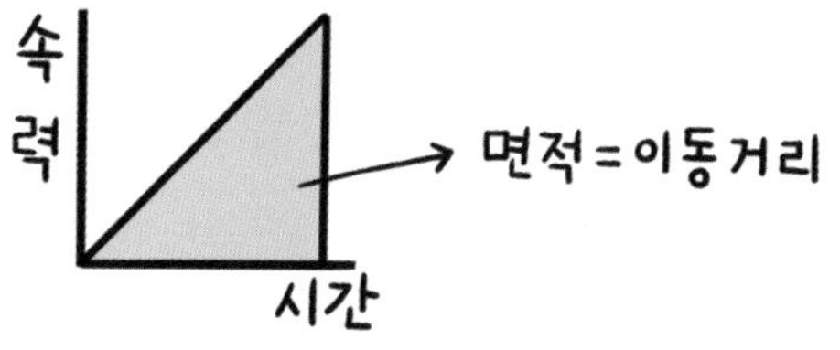

3) 등가속도 운동 (가속도 < 0)

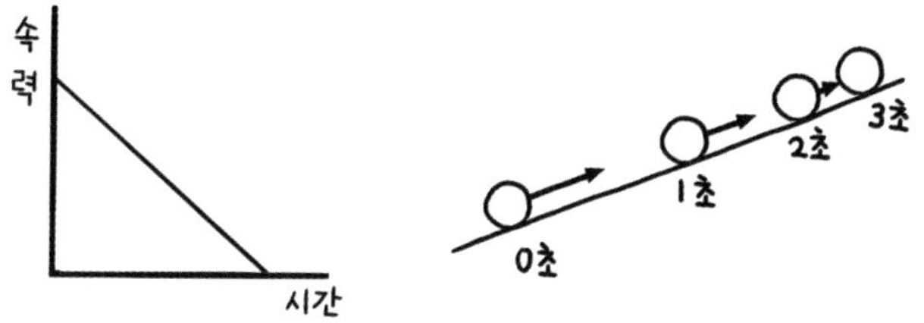

시간에 따라 속력이 일정하게 느려진다. 시간에 따라 속력이 느려지는 정도가 일정하기 때문에 가속도가 (-)인 등가속도 운동이라고 할 수 있다.

NEW

한걸음 더

속력-시간 그래프

그래프를 좀 더 분석해 보면, 속력-시간 그래프는 시간에 따른 속력 변화를 표현하는 것이므로, 속력-시간 그래프의 기울기는 가속도라고 할 수 있다. 그러므로 첫 번째 등속 운동 그래프의 기울기는 0, 가속도도 0이다.

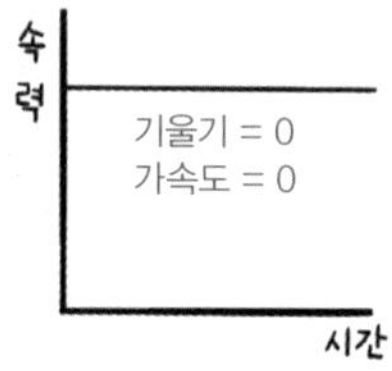

두 번째 그래프는 기울기가 (+)이면서 일정하므로, 가속도가 0보다 크고 일정하다고 할 수 있다. 기울기가 클수록 가속도가 크다는 것을 의미한다.

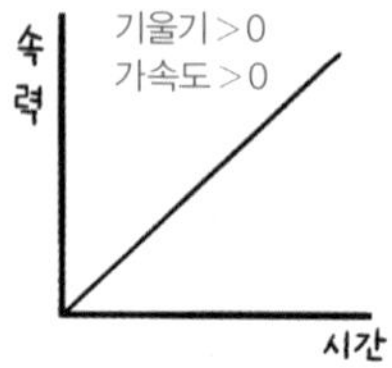

세 번째 그래프는 기울기가 (-)이면서 일정하므로, 가속도가 0보다 작고 일정하다고 할 수 있다. 즉, 속력이 점점 일정한 비율로 느려지는 것이다.

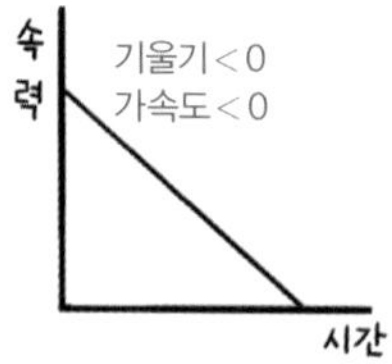

*** 그래프의 기울기란?**

직선이 기울어진 정도를 나타내는 건데, 그래프에서 x값이 증가할 때 y값도 증가하면 +이고, x의 값이 증가할 때 y값이 감소하면 −로 나타낸다.

작용 반작용의 법칙

뉴턴이라는 과학자가 물체의 운동에 대해 논리정연하게 정리해 놓은 것을 '뉴턴의 운동 법칙'이라 한단다.
에헴
알아요! 지금까지 살펴본 관성의 법칙이 1법칙이고 가속도의 법칙이 2법칙이죠?
오우, 제법인 걸? 그럼 제3법칙인 작용 반작용의 법칙은 알고 있니?
뭔가 작용할 때 반절만 작용하는 건지...
A가 B에 힘을 작용(action)하면, B도 A에 크기가 같고 방향이 반대인 힘을 작용(reaction)하는 것을 말한단다.
연료가 분사되는 추진력에 의해 로켓이 날아가는 것이 바로 작용반작용의 원리라 할 수 있지.
슈웅
보트에 앉아 노를 저으면 반작용에 의해 보트가 앞으로 나아가게 되지.
아! 그럼 반만 작용하는 게 아니고, 힘을 주는 만큼 반작용이 일어나는 것이네요?
그렇지! 수영선수가 벽을 발로 힘껏 미는만큼 몸이 힘을 받아서 앞으로 나가는 거야.
벽도 선수를 미는 셈이지....
힘껏
벽이 선수를 민다구요?
그래. 선수와 벽이 서로 작용.반작용을 하며 밀어주는 것이지. 우리가 길을 걸을 때 발이 지면을 밀어주는 만큼 지면도 발을 밀어주기 때문에 제대로 걸을 수 있는 거란다.
와~ 사람이 걷는 걸음에도 그런 과학이 숨어 있군요?
우리 딸도 노력한 만큼 좋은 결과가 반작용으로 나타날 거야

이 고비를 넘겨라!

1단계 OX 퀴즈

1. 등속 운동의 예로는 에스컬레이터, 무빙워크, 엘리베이터가 있다. (　　)

2. 질량이 클수록 관성이 크다. (　　)

3. 로켓이 가스를 분출하면서 앞으로 날아가는 것은 관성의 법칙 때문이다. (　　)

4. 지구 주변을 도는 인공위성은 일정한 속력으로 움직이고 있기 때문에 등속 운동이다. (　　)

정답

1. X. 에스컬레이터와 무빙워크는 등속 운동이 맞지만 엘리베이터는 움직이려는 순간에 속도가 빨라지며, 멈추는 순간에 속도가 느려지기 때문에 등속 운동이라고 할 수 없다.

2. ○. 질량이 클수록 물체의 운동 상태를 변화시키기 어렵다.

3. X. 로켓이 가스를 분출하는 반작용으로 로켓이 앞으로 전진한다. 즉 작용 반작용의 원리이다.

4. X. 인공위성이 지구 주위를 일정한 속력으로 움직이지만, 방향이 계속 변하고 있다. 등속 원운동이라고 부르지만, 방향이 계속 변하면서 속도가 일정하게 변하기 때문에 실제로는 등속 운동이 아니라, 등가속도 운동이다.

2단계 개념 잡는 퀴즈

1. 그림과 같이 시계바늘이 회전하고 있다. 초침의 길이가 30cm일 때, 초침이 한 바퀴 회전하는 동안의 평균속력과 평균속도를 구하라.

2. 시간기록계를 이용하여 수레의 운동을 종이테이프에 기록했더니 다음과 같았다. 각 구간에서의 평균속력을 구하라. (단, 이 시간기록계*는 1초에 60타점을 찍는다.)

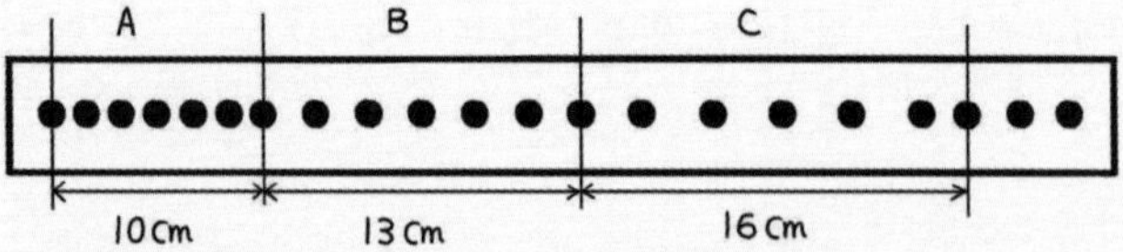

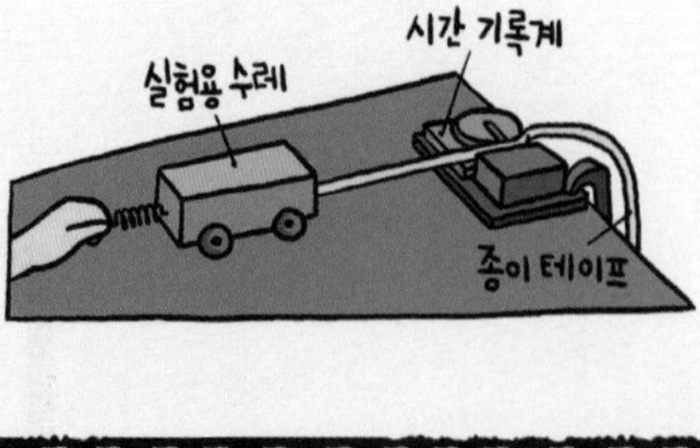

- 시간기록계

물체가 운동하는 속력의 변화를 기록하는 장치. 시간 간격이 일정하게 진동하며 타이머의 먹지 밑을 통과하는 종이테이프에 점을 찍는다.

3. 자동차를 탈 때에는 안전을 위해 반드시 안전벨트를 착용해야 한다. 그런데, 기차의 좌석에는 안전벨트가 없다. 그 이유는 무엇일까?

정답

1. 평균속력 0.01π m/s, 평균속도 0m/s

평균속력은 $\frac{\text{이동 거리}}{\text{시간}}$이므로, 초침이 한 바퀴 도는 데 걸리는 시간 60초, 초침의 이동 거리는 원둘레이니까 $2\pi r = 2\pi \times 0.3\text{m} = 0.6\pi\text{m}$를 대입해서 풀면 된다. (30cm는 0.3m로 계산) 하지만, 초침이 한 바퀴 회전하여 제자리로 돌아왔기 때문에 변위는 0이다. 그러므로 평균속도는 0이 된다.

$$\text{평균속력} = \frac{\text{이동 거리}}{\text{시간}} = \frac{0.6\pi}{60} = 0.01\pi\ \text{m/s}$$

$$\text{평균속도} = \frac{\text{변위}}{\text{시간}} = \frac{0}{60}\ \text{m/s}$$

2. A 구간 1m/s, B 구간 1.3m/s, C 구간 1.6m/s

시간기록계가 1초에 60번 찍는다는 것은 1번 찍는 데 1/60초가 걸린다는 의미이다. 각 구간에 찍힌 타점이 6개이므로 한 구간당 걸린 시간은

$\frac{1}{60} \times 6 = 0.1$초이다.

그러므로, 각 구간의 평균속력은 $\frac{\text{이동 거리}}{\text{시간}}$로 구할 수 있다.

A 구간 평균속력 = $\frac{0.1\text{m}}{0.1\text{초}} = 1\text{m/s}$

B 구간 평균속력 = $\frac{0.13\text{m}}{0.1\text{초}} = 1.3\text{m/s}$

C 구간 평균속력 = $\frac{0.16\text{m}}{0.1\text{초}} = 1.6\text{m/s}$

3. 기차는 질량이 매우 크고 무겁기 때문에 출발하거나 멈추려 할 때 많은 힘이 필요하다. 그러므로 기차는 천천히 속도를 올리고, 천천히 줄인다. 그래서 기차에는 급제동이나 급가속처럼 급격한 속도 변화가 나타나지 않기 때문에, 300km/h가 넘는 빠른 속력으로 달리는 고속열차조차도 안전벨트가 필요 없다.

3단계 굳히기 퀴즈

지하철이 한 역을 출발하여 다음 역에 정지할 때까지의 속력을 시간에 따라 그래프로 나타냈다.

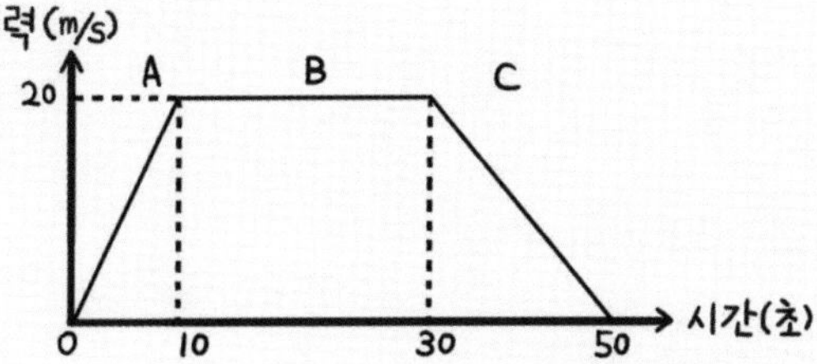

1. 각 구간에서 지하철에 작용하는 가속도를 구하라.

2. 각 구간 동안 이동한 거리를 구하라.

3. 출발한 직후부터 다음 역에 도착할 때까지의 평균속력을 구하라.

정답

1. A 구간 $2m/s^2$, B 구간 $0m/s^2$, C 구간 $-1m/s^2$

속력-시간 그래프에서 기울기는 시간당 속력 변화량이므로

가속도를 의미한다.

기울기는 $\frac{y의\ 증가량}{x의\ 증가량}$ 이므로,

A 구간 가속도 = $\frac{20-0}{10} = 2m/s^2$

B 구간 가속도 = $\frac{20-20}{20} = 0m/s^2$

C 구간 가속도 = $\frac{0-20}{20} = -1m/s^2$

A 구간은 가속도가 $2m/s^2$인 등가속도 운동을 하여 속력이 점점 빨라지고 있고,

B 구간은 가속도가 $0m/s^2$, 즉 등속 운동을 하고 있다.

C 구간은 가속도가 $-1m/s^2$인 등가속도 운동을 한다.

즉 속력이 점점 느려지고 있다.

2. A 구간 100m, B 구간 400m, C 구간 200m

속력-시간 그래프에서 밑면적은 이동 거리를 나타낸다.

A 구간의 이동 거리 = $10 \times 20 \times \frac{1}{2}$ = 100m

B 구간의 이동 거리 = $20 \times 20 = 400$m

C 구간의 이동 거리 = $20 \times 20 \times \frac{1}{2} = 200$m

A 구간은 속력이 점점 빨라지면서 앞으로 이동하고,

B 구간은 속력이 일정한 상태로 앞으로 이동하고 있다.

C 구간은 가속도가 (−)라고 해서 뒤로 가는 것이 아니다.

속력이 점점 느려지면서 앞으로 이동하고 있는 것이다.

3. 14m/s. 평균속력은 전체 이동 거리를 시간으로 나누면 된다.

$$\text{평균속력} = \frac{\text{이동 거리}}{\text{시간}} = \frac{100+400+200}{50} = 14\text{m/s}$$

1분만 견디시오

영화나 광고에서 볼 수 있는 스카이다이빙. 요즘은 해외여행 체험 코스로도 인기라고 해. 공중에서 아래로 뚝 떨어지는 놀이기구를 단 2~3초 탈 때에도 가슴이 철렁하고 식은땀이 나는데, 하늘 높은 곳에서 떨어지는 동안 어떻게 그 속력과 공포를 이겨 내는 걸까?

비행기를 타고 최대 3~4km 정도의 높이까지 올라가 뛰어내리면, 순식간에 속력은 200km/h 정도가 되지. 낙하산을 펴는 데까지 걸리는

시간은 약 1분 정도.

만약 공기의 저항이 없다면, 다이버가 떨어지는 동안 속력은 그래프 A처럼 계속 증가할 거야. 그래프 A의 기울기는 중력가속도를 의미하지. 하지만 실제로는 다이버가 떨어지면서 속력이 증가하는 동안, 공기의 저항력 역시 증가한단다. 저항력이 점점 증가해서 중력과 같아지면서부터는 속력이 더 이상 증가하지 않고 일정한 속력으로 밑으로 떨어지게 되지. 이때의 속도를 종단속도(terminal speed)라고 해. 종단속도에 이를 경우, 중력과 저항력이 서로 상쇄되기 때문에 힘이 0, 가속도도 0이 되는 거야.

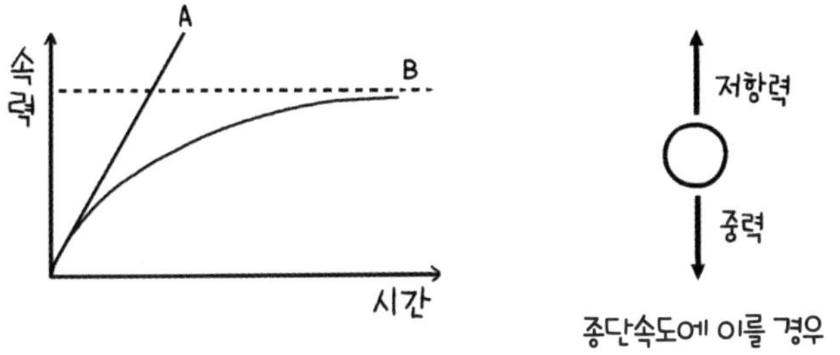

그러므로 스카이다이버는 공기의 저항을 최대한 받을 수 있는 자세를 유지하는 것이 매우 중요하단다. 고개를 들고 몸을 최대한 펼쳐서 안정적으로 자세를 잡을 때 가장 빨리 종단속도에 이르러 등속도로 낙하할 수 있지.

최고 속력을 내는 공은?

여러 가지 다양한 공을 사용하는 구기 스포츠. 그중에서 가장 빠른 공은 무엇일까?

축구선수의 슈팅은 115km/h가 최고 속도야. 미국 메이저리그 야구 선수였던 박찬호가 던진 공은 160km/h를 넘었고, 최장신 투수 랜디 존슨의 공은 최고 속력이 약 167km/h나 된다고 해. 발로 찬 축구공보다 손으로 던지는 야구공이 작고 빠른 스핀으로 공기의 저항을 더 잘 이겨 내서 빠른 속력을 낼 수 있는 거지.

테니스공은 야구공과 크기는 비슷하지만 라켓을 이용하기 때문에 더 빠른 속력을 내지. 세계 최고의 선수들이 치는 테니스공의 속력은 약 250km/h 정도라고 하니, 야구공에 비할 바가 아니지. 이렇게 빠른 공을 선수들은 척척 받아 낸다니, 정말 대단하지 않니?

더 작고 멀리 나가는 골프공은 세계 최고의 남자 골퍼들이 쳤을 때, 약 250km/h의 속력으로 날아간다고 해. 순간속력은 무려 290km/h 정도. KTX의 속력과 비슷하게 날아갈 뿐 아니라, 책 한 권을 뚫을 정도의 파괴력을 지녔단다.

그런데 놀랍게도 골프공보다 더 빠른 공이 있으니, 그게 뭔지 알아? 바로 배드민턴 셔틀콕이야. 깃털까지 달려 있어 공기의 저항을 많이 받을 것 같아 보이지만, 셔틀콕을 강력한 스매싱으로 칠 때 순간속력이 최고 330km/h에 달한다고 해. 실제로 국내 경기 중 셔틀콕에 눈을 맞은 선수가 실명에 처할 뻔한 적이 있다고 하니, 셔틀콕의 속력이 믿어지지 않을 정도야.

배드민턴 선수들은 300km/h가 넘는 속력으로 움직이는 셔틀콕을 어떻게 받아칠 수 있을까?

셔틀콕은 둥근 코르크 토막에 거위 또는 오리의 깃털이 붙어 있기 때문에, 공기의 저항을 많이 받는 편이야. 그래서 라켓으로 강력한 스매싱을 때릴 경우 순간 최고 속력은 매우 빠르지만, 공기저항으로 인해 금세 속력이 느려진단다. 선수들이 셔틀콕을 받아칠 수 있는 건 바로 이런 이유 때문이지.

절대 헷갈리지 마!

다음 그래프는 어떤 물체 A와 B의 속력을 시간에 따라 나타낸 것이다. 이에 대한 설명으로 옳지 않은 것을 고르면?

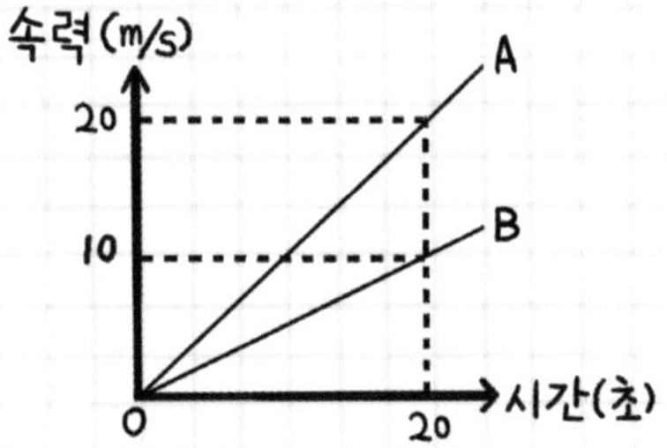

① A의 가속도는 $1m/s^2$이다.

② B의 가속도는 $0.5m/s^2$이다.

③ 20초 때 A의 이동 거리는 400m이다.

④ 20초 때 A는 B보다 100m 앞서 있다.

⑤ A와 B는 모두 속력이 점점 빨라지는 등가속도 운동이다.

나의 풀이

속력 = $\frac{\text{이동 거리}}{\text{시간}}$ 이므로 '이동 거리 = 속력 × 시간'이라고 할 수 있죠.

그러므로 20초 때 A의 이동 거리는 속력×시간=20×20=400m예요.

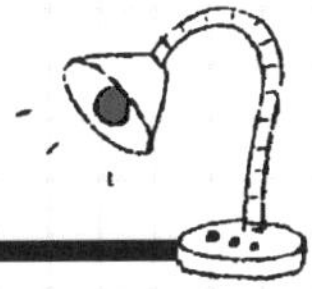

같은 방법으로 B의 이동 거리는 200m가 되니, A는 200m를 앞서 있을 거예요.

정답은 ④번이겠네요!

아빠의 풀이

만약 A와 B가 속력이 일정하게 움직이고 있다면 '이동 거리=속력×시간'으로 계산하면 되겠지만, 이 그래프처럼 속력이 일정하지 않고 점점 증가하는 등가속도 운동의 경우라면 단순히 20초 때의 이동 거리를 20×20으로 계산하면 안 된단다.

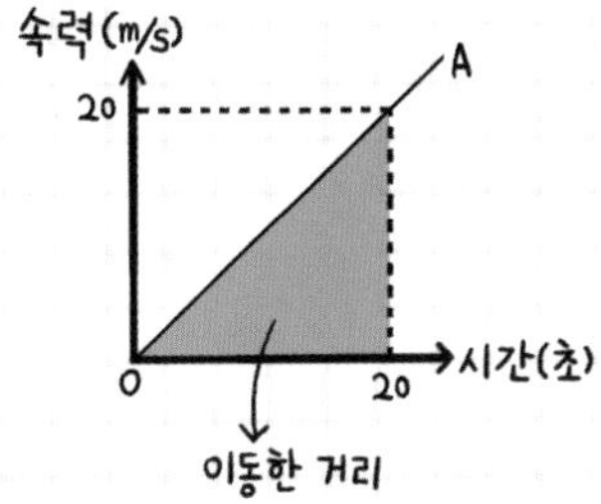

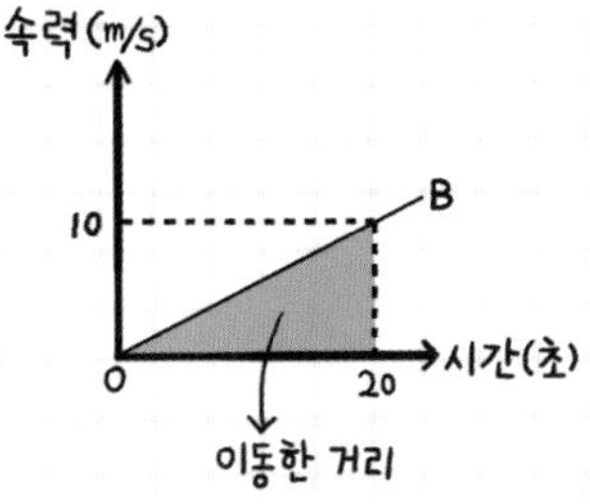

속력-시간 그래프에서 20초까지 A가 이동한 거리는 그래프의 밑면적을 구하면 쉽지. 즉, A의 이동 거리는 삼각형의 넓이로 구할 수 있어.

$(20\times20)\times\frac{1}{2}=200$m지.

같은 방법으로 B의 이동 거리를 구하면 100m이지.

그러므로 옳지 않은 것은 바로 ③번이지롱!

Ⅵ

접촉하지 않아도 작용하는 힘,

전기력과 자기력

아빠! 오빠가 내 물건을 또 말없이 가져가서 썼어요.
오빠 좀 혼내 주세요!

에구, 너희들은 항상 티격태격하는 것이 꼭 자석이 서로 밀어내는 것 같구나. 언제쯤 철이 좀 들까?

아니, 자석은 원래 '철'을 끌어당기는 거 아니에요?

당연히, 자석은 금속을 끌어당기지. 그 힘을 자기력이라고 하고. 그런데, 자기력은 끌어당기는 힘만 있는 게 아니야. 자석은 N극과 S극으로 이루어져 있는데, 자석의 다른 극끼리는 서로 당기는 힘이 작용하고, 자석의 같은 극끼리는 서로 밀어내는 힘이 작용하지. 이 힘도 만유인력처럼 거리가 멀면 약해지고 거리가 가까우면 강해져. 너희들

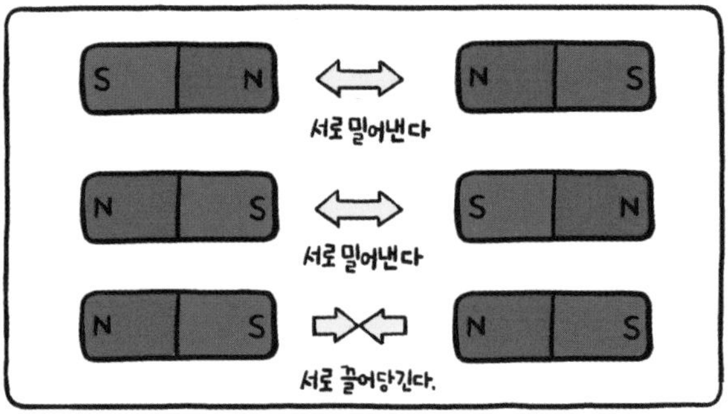

서로 밀고 당기는 자석

은 항상 티격태격 밀어내는 걸로 봐서 같은 극임에 틀림없어. 좀 떨어져야 할 필요가 있는 것 같구나.

아니, 우리가 항상 싸우는 건 아니잖아요. 그럼 극이 계속 바뀌는 건가?

아빠는 너희들이 사람들을 끌어당기는 힘이 있는 매력적인 사람이 되었으면 좋겠어. 그래서 많은 사람들에게 도움을 줄 수 있었으면 한단다. 자석이 이렇게 끌어당기는 힘 때문에 일상생활에서 많이 활용되고 있는 것처럼 말이야.

나침반도 자석을 이용한 것이고, 냉장고나 칠판에 붙이는 자석, 가방에 붙어 있는 자석, 자석 팔찌와 같은 약한 자석도 있지만, 고철을 끌어당겨서 옮기는 작업을 하는 강력한 자석도 있지. 모든 전자제품에는 크고 작은 자석들이 들어 있고, 자기력으로 열차를 띄운 후 자기력을 이용해 열차를 움직이게 하는 자기부상열차가 최근 인천공항 일대에 개통되기도 했단다.

오! 기차에도 자석이 활용되는 줄은 몰랐어요!

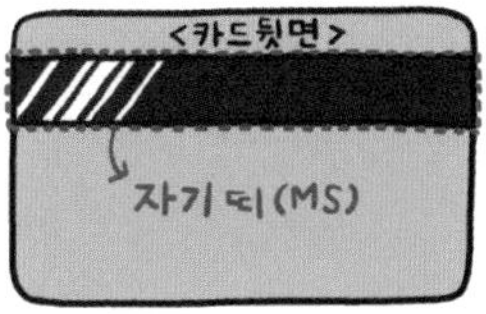

마그네틱 선을 이용한 신용카드

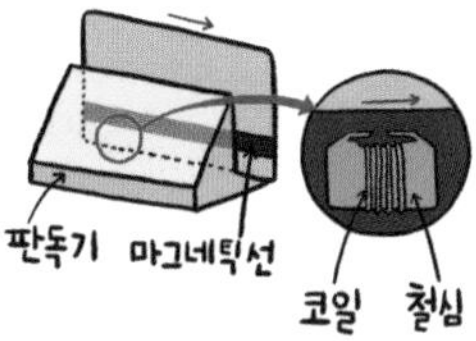

마그네틱 리더기

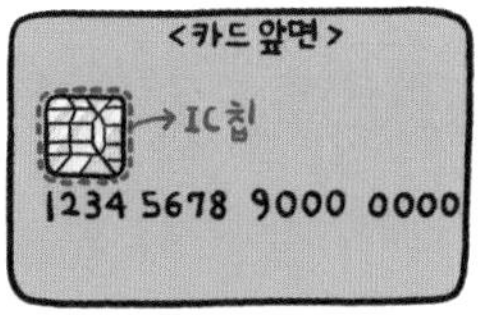

IC 카드

사실, 우리 일상생활엔 자기력이 활용되는 사례가 매우 많아.

신용카드 뒷면을 보면 검은 줄이 보이지? 그걸 마그네틱 선이라고 하는데, 이것 역시 자기장을 이용한 거야. 이 마그네틱 선에는 우리 눈에는 잘 보이지 않지만, 아주 미세한 자석 가루가 발라져 있어.

자석에는 N극과 S극이 있으니, 이걸 이용해 자석 가루를 정해진 규칙대로 늘어놓아서 정보를 저장하는 거지. 이 방식은 간단한 정보를 기록할 수 있고, 정보를 추가하거나 삭제하기 간편해서 널리 이용되고 있지만 저장할 수 있는 정보량이 한정되어 있고, 자석 근처에 갖다 대면 정보가 손상될 수 있는 불편함이 있지.

이런 단점을 해소하기 위해 등장한 것이 반도체 칩을 이용해 정보를 기록하는 IC 카드(Integrated Circuit Card)야. 카드 앞면에 있는 칩 보이지? 이 작은 칩으로 인해 예전 자기 카드보다 수백 배나 많은 정보를 저장할 수 있게 되었고, 정보를 암호화해서 철통 보안을 할 수 있게 되었지.

이제 소비자들은 IC 칩이 들어 있는 신용카드나 체크카드를 훨씬 더 많이 사용하고, 많은 카드 가맹점들이 신용카드의 IC 칩에 담긴 정보를 읽어 결제하는 IC 칩 전용 단말기를 갖추게 되었지.

오오! 그냥 쇠붙이를 끌어당기는 줄로만 알았던 자석이 굉장히 많은 기능과 편리함을 갖고 있네요!

우리가 일상생활에서 쓰는 수많은 전자제품들은 자기력과 전기력을 이용해서 작동하는 것들이란다. 그러니, 자기력뿐 아니라 전기력도 함께 이해하는 게 좋겠지?

이번에는 전기력 이야기를 해 볼까?

자기력처럼 전기력도 서로 밀어내기도 하고 당기기도 해. 전기력은 전하에 의해 발생하는 힘을 말해. 아! 전하란 전기를 띤 상태를 말하는데 (+)전하와 (−)전하가 있어. 다른 전하를 띤 물체끼리는 서로 당기고, 같은 전하를 띤 물체끼리는 서로 밀어내는 힘이 작용해. 자

기력과 똑같지.

우선 쉬운 것부터 찾아볼까. 머리를 빗을 때 머리카락이 빗에 달라붙을 때가 있지? 책받침에 종잇조각이 달라붙기도 하고. 이게 바로 전기력에 의한 현상이야.

왜 머리카락이 빗에 달라붙을까? 서로 다른 두 물체를 마찰시키면 두 물체 사이에서 전자(electron)가 이동해서 한쪽은 전자를 많이 갖고 한쪽은 전자가 부족한 상태가 되거든. 전자는 (−)를 띠고 있기 때문에, 전자가 많은 쪽은 (−)전기를 띠게 되고 전자를 잃은 쪽은 (+)전기를 띠게 되지? 이와 같이 물체가 전기를 띠는 현상을 대전이라고 하고, 두 물체가 마찰해 전자가 이동할 때의 전기를 정전기라고 해. 아마 많이 들어 봤을 거야.

어떤 물체는 전자를 잘 잃어버리고, 어떤 물체는 전자를 잘 가져오는 특성을 갖고 있어. 플라스틱류는 전자를 잘 얻는 특성이 있어서, 머리를 빗다 보면 머리카락에 있던 전자가 플라스틱 빗으로 많이 이동하게 되지. 빗은 (−), 머리카락은 (+)전기를 띠게 되어 서로 끌어당기는 힘, 인력이 작용하게 되는 거야. 그래서 머리카락이 빗에 달라붙는 거지! 우리 눈에는 보이지 않지만, 전기력이 작용하고 있는 거란다.

정전기를 보면서 눈에 보이지도 않는 전자의 이동을 생각해 낸 사람은 도대체 누군가요?

기원전 탈레스라는 사람이 호박(amber)•을 닦을 때 머리카락이나 먼지가 달라붙는 현상을 보고 정전기에 대해서 생각하게 되었다고 해. 당시 사람들은 호박에 신비한 힘이 있다고 생각하면서 두려워했거든. 물론, 탈레스가 정전기에 대해서 구체적으로 알아내거나 증명해 낸 것은 아니고, 그 후로 이천 년이 지나서야 비로소 정전기에 대해서 알아냈어. 전기를 뜻하는 'electricity'라는 단어도 바로 호박을 뜻하는 그리스어 'elektron'으로부터 나온 거야.

전기력은 참 유용하게 쓰이지. 플라스틱 먼지털이개의 경우 솔 부분을 마찰시켜 전기를 띠게 해서 먼지가 솔에 잘 달라붙게 하는 거야. 엄마들이 많이 사용하는 비닐 랩도 정전기를 이용해서 잘 달라붙도록 만들어진 거지.

자동차에 페인트 칠을 할 때에도 자동차 표면에는 (+)전하를 띠게 하

• **호박** 나무의 송진 등의 물질이 오랜 시간 동안 굳어져서 만들어진 노랗고 투명한 광물. 장식용 조각, 구슬, 담배 파이프의 부리를 만드는 데 사용된다.

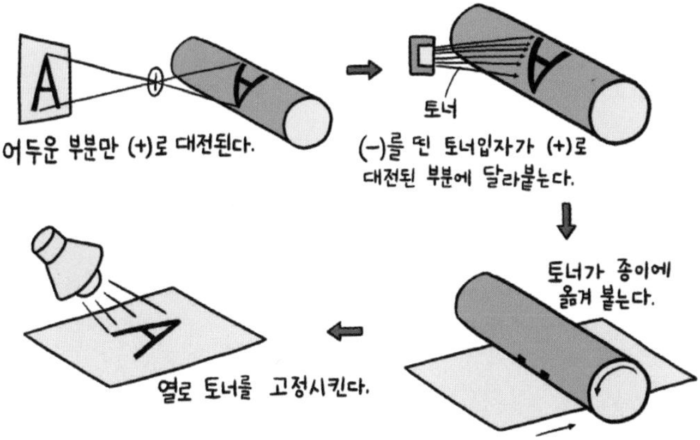

<복사기의 원리>

고, 분사되는 페인트 가루는 (-)전하를 띠게 해서 자동차 표면에 페인트가 골고루 잘 달라붙도록 하지. 복사기나 레이저 프린터에서 토너 가루가 종이에 잘 붙도록 하는 것도 같은 원리야. 듣고 보니, 전기력을 이용하는 것이 진짜 많지?

NEW

한걸음 더

전자기 유도

자석만 자기장•을 갖고 있는 것은 아니야. 놀랍게도 전류가 흐르는 전선 주변에도 자기장이 발생한단다. 이런 사실은 1820년 외르스테드*라는 물리학자가 우연히도 전기 실험 중에 전선 주변에 뒹굴던 나침반이 움직이는 것을 보고 흐르는 전류와 자기가 연관되어 있음을 알게 되었지.

그 이후로 앙페르*는 외르스테드의 결과를 바탕으로 전류가 자기력을 만들어 낸다는 것을 알아차렸어. 또 두 개의 전선을 가까이 놓고 전류를 흐르게 했을 때, 두 전선이 마치 자석처럼 서로 밀거나 당기는 것을 발견했어. 뿐만 아니라 전류의 세기와 방향을 조절했더니 힘의 세기와 방향도 조절할 수 있게 되었지.

전선에 전류가 흐르면 자석처럼 자기장이 발생한다는 사실이 놀랍지 않니?

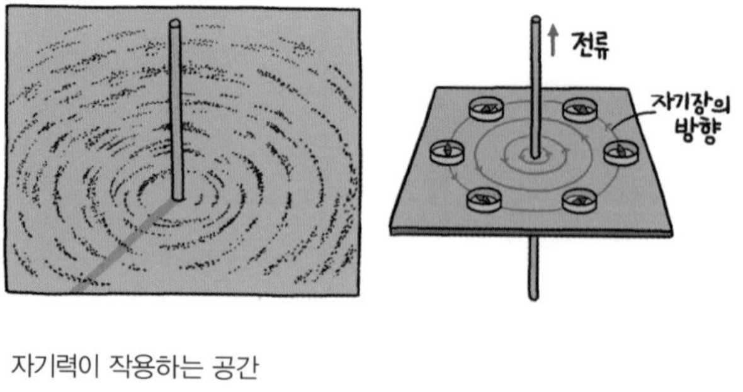

• **자기장** 자기력이 작용하는 공간

이후 연구를 통해서 앙페르는 이 전자기력에 대해서 수학적으로 풀어냈어. 전선을 둥글게 감아 코일 모양으로 만들면 자기장이 더욱 강력해진다는 것을 발견하고, 이 코일을 '솔레노이드'라고 불렀단다.

요즘 우리가 사용하는 전자석도 바로 이 솔레노이드를 응용한 것이고, 많은 분야에서 활용되고 있어. 전자기력에 대한 그의 성과가 얼마나 대단했던지, 전류의 단위인 '암페어(A)'도 앙페르의 이름을 따서 부르게 되었지.

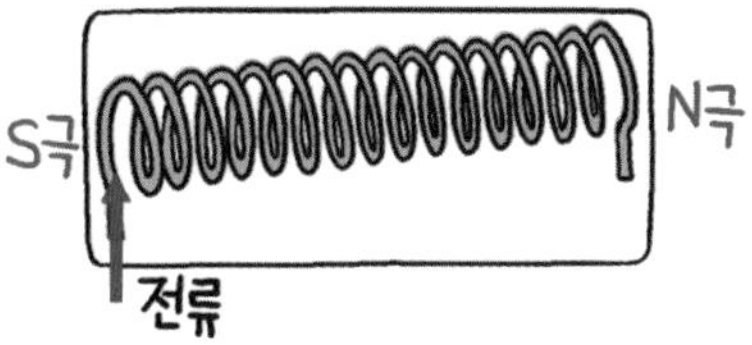

매우 높은 전압을 가진 전류가 흐르는 송전탑 주변 마을 주민들이 이유를 모르는 질병에 시달린다는 이야기를 들은 적이 있을 거야. 강한 전류가 흐를 때 발생하는 자기장 및 전자파의 영향이라고 생각할 수 있어. 지금도 지구 곳곳에서는 송전탑으로 인한 환경 문제, 전력난 문제, 건강에 대한 유해성 문제 등으로 다양한 의견이 맞서고 있는 상태야.

그런데 말이야. 전류가 흐를 때 주변에 자기장이 생긴다는 사실만으로도 매우 놀라운 발견인데, 이를 뒤집어서 생각한 사람이 있어. 자기장을 변화시키면 전류를 만들어 낼 수 있지 않을까 하고 말이야. 이런 남다른 발상이 세상을 변화시키는 거지. 1831년, 패러데이*라는 사람이 코일 속

에 막대자석을 집어넣었다 뺐다 하면 검류계(전류, 전압, 전기량을 측정하는 기구)의 바늘이 움직인다는 사실을 확인했어. 자석을 코일 속에서 움직였을 뿐인데 전류가 만들어지는 건, 완전 놀라운 사건이었지. 단, 막대자석이 가만히 있을 때는 전류가 발생하지 않아. 자기장에 변화가 있을 때에 전류가 만들어지는 거야. 만들어진 전류라고 해서 '유도전류'라고 하고, 이렇게 전류를 유도하는 것을 '전자기 유도'라고 해. 우리가 사용하는 전기는 이 전자기 유도 현상을 이용한 발전기를 통해서 만들어 내는 거란다!

***외르스테드**(Hans Christian Örsted, 1777-1851)
덴마크 물리학자, 화학자. 화학실험을 하던 중 나침반이 전류에 의해서 흔들리는 것을 발견하곤 전자기에 대한 본격적인 연구를 하게 되었다.

***앙페르**(Andre Marie Ampère, 1775-1836)
프랑스의 물리학자, 수학자. 전자기 현상을 수학적으로 증명해 내어 앙페르의 법칙을 확립하였다.

***패러데이**(Michael Faraday, 1791-1867)
영국의 물리학자, 화학자. 대장간 집 아들로 태어나 읽기와 쓰기, 셈하기 정도밖에 배우지 못했지만, 제본업자의 가게에서 일하며 제본되어 있던 과학서적을 읽으면서 과학에 흥미를 갖게 되었다. 왕립학회의 조수로 들어가면서부터 수많은 과학 연구를 수행하였다.

NEW

한걸음 더 전류의 방향과 자기장의 방향

전류의 방향에 따라 자기장의 방향이 달라진단다. 오른손을 활용하면 자기장의 방향을 쉽게 알아낼 수 있어!

(1) 직선도선의 경우, 전류의 방향으로 엄지손가락을 향하면 나머지 네 손가락이 전선을 감아 쥐는 방향이 바로 자기장의 방향이란다.

오른손 법칙

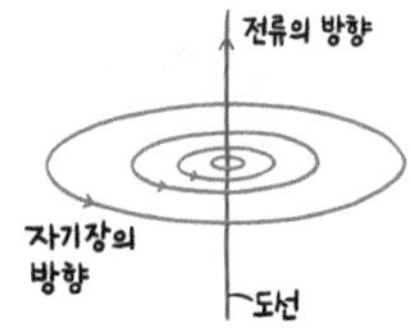

직선도선 주위에 생기는 자기장의 방향

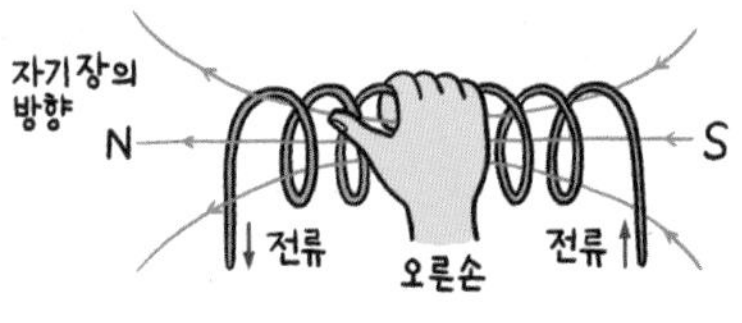

솔레노이드 주변에 생기는 자기장의 방향

(2) 솔레노이드의 경우, 오른손 네 손가락을 전류의 방향대로 감아 쥘 때 엄지손가락이 가리키는 방향이 자기장의 방향이란다.

정전기는 알고 보면 위험해

이 고비를 넘겨라!

1단계 OX 퀴즈

1. 같은 종류의 물체를 서로 마찰시키면 물체는 각각 같은 종류의 전기를 띤다. (　　)

2. 겨울에 정전기가 잘 일어나는 이유는 습도가 낮아 건조하기 때문이다. (　　)

3. N극과 S극을 가지고 있는 막대자석의 중간 부분을 자르면 N극과 S극으로 분리된다. (　　)

정답

1. X. 같은 종류의 물체는 전자를 얻거나 잃으려는 경향이 같으므로 전자의 이동이 일어나지 않아 둘 다 전기를 띠지 않는다.
2. ○. 반대로 여름처럼 습도가 높을 때는 공기와 대전체 사이에서 전자의 이동이 활발하여 별로 대전되지 않기 때문에 정전기가 잘 일어나지 않는다.

3. X. N극과 S극은 항상 쌍으로 존재한다. 막대자석의 중간 부분을 자르면 두 조각은 각각 N극과 S극을 갖게 된다.

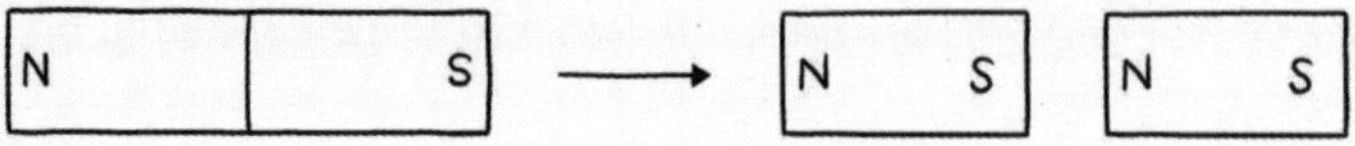

2단계 개념 잡는 퀴즈

1. 유리 막대를 털가죽으로 문지른 후 다음 그림과 같이 검전기*에 접근시켰을 때와 명주 헝겊으로 문지른 후 검전기에 접근시켰을 때, 각각 금속박에 생기는 전기의 종류를 말해 보자.

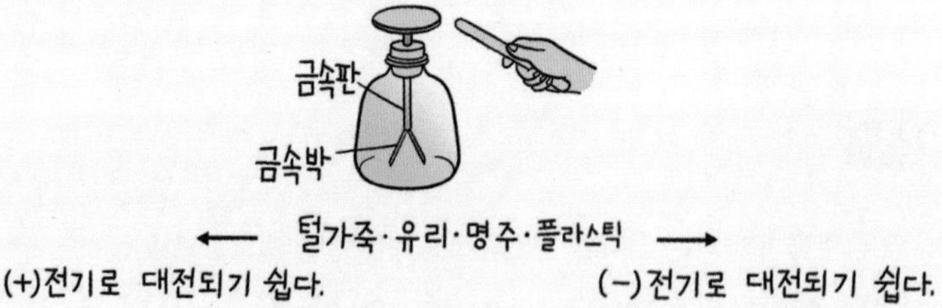

* 검전기 정전기 유도 현상을 이용하여 물체가 대전되었는지, 또 대전되었다면 어떤 전하로 대전되었는지를 알아내는 데 이용하는 도구

2. 털가죽으로 유리 막대를 문지르면 털가죽은 (+)전하로, 유리 막대는 (-)전하로 대전된다. 이렇게 두 물체를 마찰하였을 때 두 물체에 대전된 전기의 종류가 다른 까닭은 무엇인가?

3. 다음 그림과 같이 털가죽에 문지른 플라스틱 빗을 가늘게 흐르는 물줄기에 가까이 하였더니 물줄기가 빗 쪽으로 휘어졌다. 이때 작용한 힘은 무엇인가?

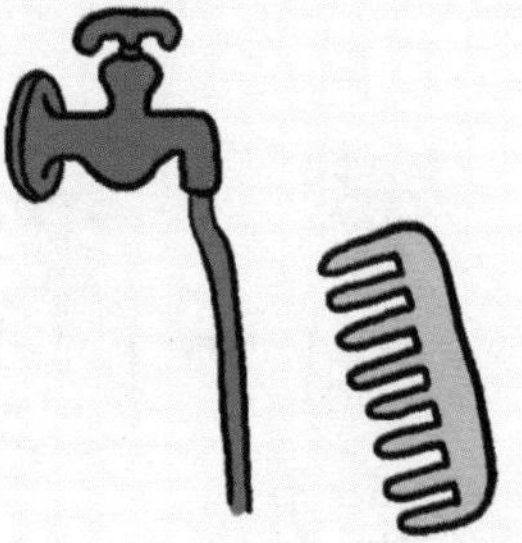

① 털가죽과 물 사이에 미는 인력

② 털가죽과 물 사이에 당기는 척력

③ 플라스틱 빗과 물 사이에 당기는 자기력

④ 플라스틱 빗과 물 사이에 미는 전기력

⑤ 플라스틱 빗과 물 사이에 당기는 전기력

정답

1. **털가죽으로 문질렀을 때** : 털가죽이 (+)로 대전되기 쉬우므로, 유리 막대는 (−)전하를 띠게 된다. 유리 막대를 검전기에 가까이 대면 (−)에 끌리는 (+)전하가 금속판으로 이동하고, (−)전하는 아래쪽 금속박으로 밀려나게 된다. (−)끼리 밀어내는 힘으로 인해 금속박이 벌어진다.

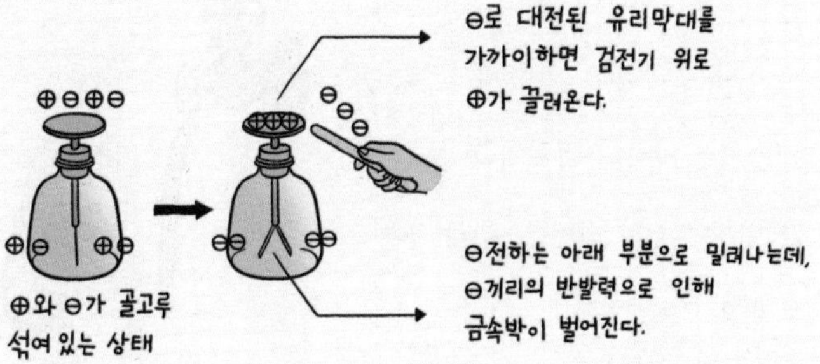

명주 헝겊으로 문질렀을 때 : 명주 헝겊은 (−)로 대전되기 쉬우므로, 유리 막대는 (+)전하를 띠게 된다. (+)로 대전된 유리 막대를 검전기에 가까이 대면, 털가죽으로 문질렀을 때와 반대로 금속박에는 (+)전하가 이동하며 금속박이 벌어진다.

2. 마찰에 의하여 대전되는 것은 한 물체에서 다른 물체로 전하가 이동하기 때문이며, (-)를 띠고 있는 전자를 얻은 쪽은 (-)전하로, 전자를 잃은 쪽은 (+)전하로 대전된다. 털가죽과 유리 막대를 마찰하였더니 털가죽은 (+)전기를 띠고 유리 막대는 (-)전기를 띠는 것은, 털가죽은 전자를 잃고 유리 막대는 전자를 얻었기 때문이다.

3. ⑤ 물 분자는 중성이지만 정전기 유도에 의해 같은 분자 내에서 (+)전기를 띠는 쪽과 (-)전기를 띠는 쪽으로 대전될 수 있다. 만약 (-)로 대전된 플라스틱 빗을 물줄기에 가까이 한다면 물 분자에서 플라스틱 빗과 가까운 방향은 (+)로 유도되고, 이에 따라 빗과 물줄기 사이에 전기력의 하나인 인력(당기는 힘)이 발생하여 물줄기가 빗 쪽으로 휘어진다.

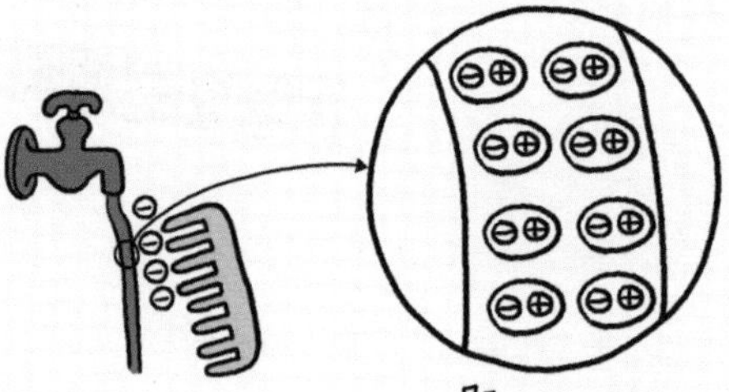

물줄기 확대한 것

3단계 굳히기 퀴즈

1. 다음 그림과 같이 장치하고 털가죽으로 2개의 풍선을 각각 문지른 다음 가만히 두면 어떤 현상이 일어나는가?

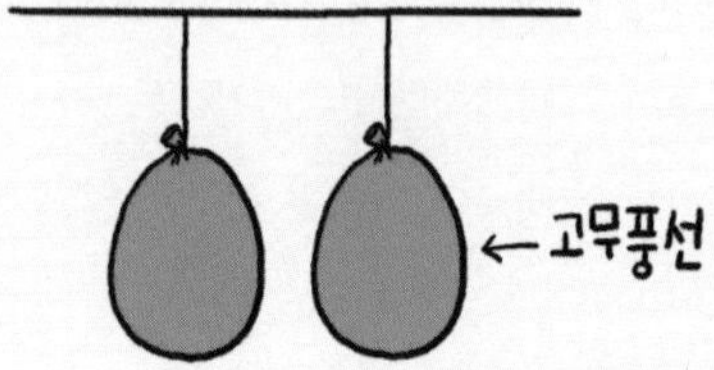

2. 다음 그림은 쇠못에 코일(구리선)을 감아 만든 전자석이다. 센 전자석을 만들기 위한 가장 적합한 조건은?

① 코일의 감은 횟수를 늘린다.

② 코일 속의 연철에 열을 가한다.

③ 코일의 동선을 굵은 철선으로 바꾼다.

④ 코일에 흐르는 전류의 세기를 줄인다.

⑤ 코일 속의 연철을 알루미늄으로 바꾼다.

3. 다음과 같이 코일에 전류를 흘려 줄 때 나침반의 N극은 어느 쪽으로 향하게 되겠는가?

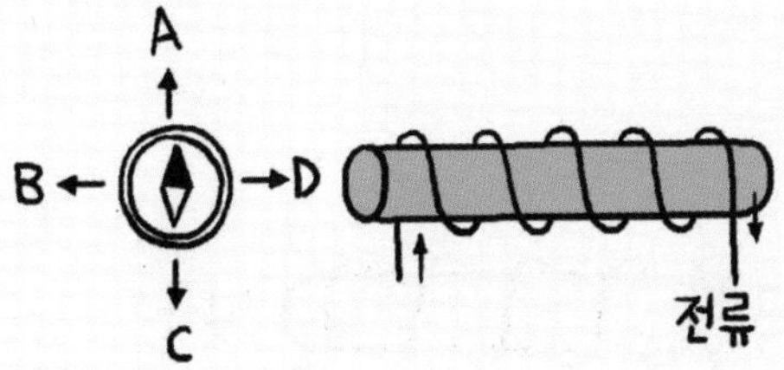

①A　②B　③C　④D　⑤ 움직이지 않는다.

정답

1. 털가죽으로 문지른 고무풍선은 둘 다 (-)전기를 띠게 되어 두 개의 풍선 사이에는 서로 밀어내는 척력이 작용한다.

2. ① 전류가 흐르는 코일에 쇠막대를 넣으면 쇠막대가 자석이 된다. 이러한 자석을 전자석이라 하며, 전자석의 세기는 코일에 흐르는 전류의 세기가 셀수록, 코일의 감은 횟수가 많을수록 크다.

3. ④ 솔레노이드에 전류가 흐르면 자기장이 발생하여 막대자석처럼 작용하게 된다. 오른손 법칙을 사용하면 자기장의 방향을 알 수 있는데, 전류가 흐르는 방향으로 네 개의 손가락을 감싸 쥐면 엄지손가락이 가리키는 방향, 즉 오른쪽이 N극이 된다.

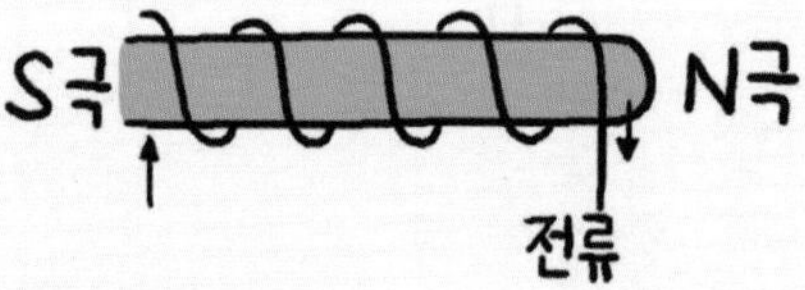

나침반의 N극은 솔레노이드의 S극이 잡아당기는 힘 때문에 S극 쪽으로 향하게 된다.

비둘기 머릿속에 자기장이?

무섭게 쏟아지던 비가 그친 후, 노아는 방주에 있던 비둘기를 날려 보냈다는 이야기 많이 들어 봤지? 여기 저기 날아다니던 비둘기는 잎사귀를 물고 다시 방주로 돌아왔잖아. 오래전부터 비둘기는 뛰어난 귀소본능 때문에 전서구(傳書鳩)라고 불리며 서신 교환에 이용되었다고 해.

어떻게 비둘기는 원래 위치를 기억하고 되돌아오는 것일까? 그건 말이야, 비둘기 머릿속에는 아주 작은 크기의 자석이 있는데, 이 자석이 지구자기장과 반응하여 방향을 찾아낸다는 거야. 실제로 비둘기의 몸에 다른 자석을 붙여 봤더니, 원래 목적지로 되돌아오지 못했다는 실험 결과도 있대.

예로부터 방향을 찾으려 할 때 가장 유용한 도구는 나침반이었지. 나침반으로 동서남북 방향을 찾을 수 있는 것은 지구자기장 덕분이란다.

그렇다면 지구자기장이란 무엇일까? 쉽게 말하면 지구가 거대한 자석처럼 작용하고 있다는 거야.

많은 과학자들은, 지구 내부에 뜨겁게 녹아 있는 외핵이 지구 자전에 의해 빠르게 회전하고 대류하면서 지구자기장을 생성시켜 주고 있다고 추측하고 있어.

나침반의 N극이 북쪽을 향하는 것은 지구의 북쪽이 지구라고 하는 거대한 자석의 S극이기 때문이라고 생각하면 되지. 반대로 지구의 남쪽은 지구라는 자석의 N극 역할을 하고 있는 셈이고. 하지만 여기서 오해할 수 있는데, 북극과 남극이 지구자기장의 N극, S극과 정확하게 일치하지는 않는다는 거야. 현재의 지구자기장의 북극은 지리적 북극에서 약 1,800km나 떨어져 있는 캐나다 북부에 위치해 있다고 해. 더구나 자기장의 N극, S극이 고정되어 있는 게 아니라 조금씩 조금씩 계속 이동하고 있다는 거야.

지구자기장은 태양으로부터 쏟아지는 엄청난 양의 우주 방사선을 막

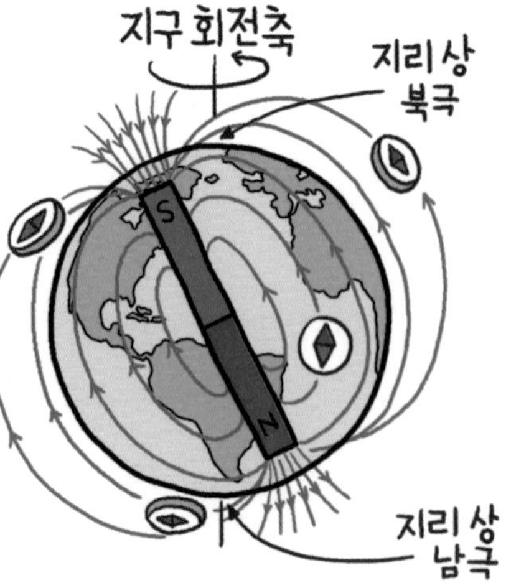

아 주는 보호막 역할을 하기도 해. 태양에서 날아온 전기입자의 일부가 지구자기장의 N극, S극에서 반응하면서 아름다운 무늬로 나타나는 것이 바로 오로라란다.

만약 우주 방사선이 지구로 그대로 쏟아진다면 지구 위의 생명체는 살 수 없을 거야. 거대한 자석, 지구자기장은 방향을 찾게 해 줄 뿐 아니라, 지구의 생명체를 보호하는 신비한 시스템이기도 해!

절대 헷갈리지 마!

막대자석을 그림과 같이 N극이 동쪽을 향하도록 놓은 다음, N극의 동쪽에 나침반을 놓았더니 자침의 N극이 정확하게 북동쪽을 가리켰다. 나침반이 놓인 위치에서 막대자석에 의한 자기장의 세기는 지구자기장의 몇 배인가?

나의 풀이

지구는 거대한 자석이라면서요? 막대자석이 강한다고 한들, 지구만큼 셀 수는 없죠. 질문 자체가 잘못된 거 아니에요? 지구자기장은 막대자석의 몇 배인가, 뭐 이렇게 물어봐야 되는 거 아닌가요? 수천 배, 수만 배는 강할 텐데!

아빠의 풀이

맞아. 지구는 거대한 자석이어서 지구 온 땅 곳곳에 자기장이 미치고 있지.
그래서 나침반의 붉은색 N극은 북쪽을 향하고 있고 말이야.
만약 막대자석이 없이 나침반만 있다면, 자침은 그림처럼 북쪽을 향하고 있어야 해.

자석이 없을 때
자침은 북쪽을 향한다.

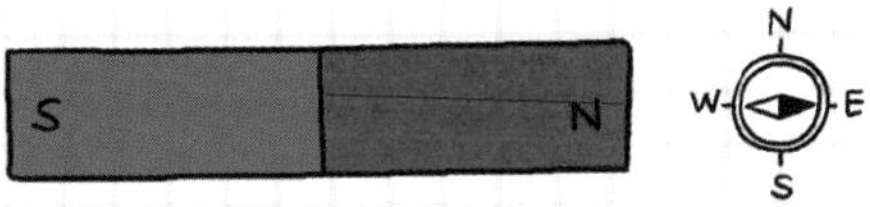

지구자기장이 없다면
자침은 동쪽을 향할 것이다.

하지만, N극이 정확히 북동쪽을 가리키고 있다고 했으니,

막대자석이 영향을 주고 있다는 것을 알 수 있지.

즉, 지구자기장과 막대자석의 자기장 때문에 자침은 북동쪽을 향하고 있단다.

우린 이미 힘의 합력을 배웠잖아. 나침반이 정확하게 북동쪽을 향하고 있다는 것은 지구자기장의 세기와 자석에 의한 자기장의 세기가 같다는 거야.

막대자석의 자기장 세기가 강하면 강할수록 나침반은 동쪽으로 더 돌아가게 되겠지? 그러니까 정답은, 힘의 크기가 서로 같다!

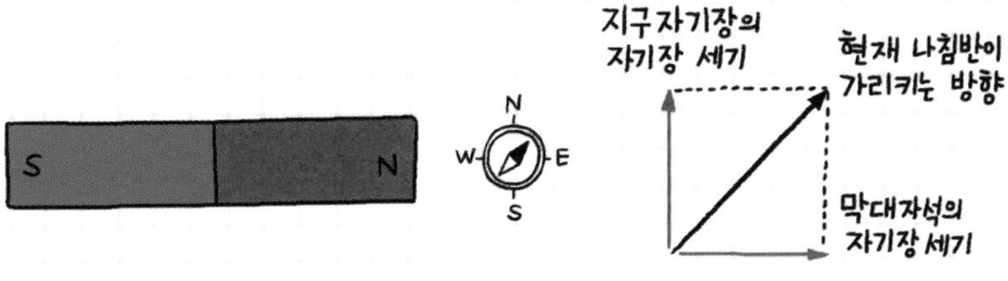

과학, 이 고비를 넘겨라 : 힘과 운동

초판 1쇄 펴냄 2016년 10월 21일
4쇄 펴냄 2021년 8월 17일

지은이 전형일
그린이 강무선

펴낸이 고영은 박미숙
펴낸곳 뜨인돌출판(주) | 출판등록 1994.10.11.(제406-251002011000185호)
주소 10881 경기도 파주시 회동길 337-9
홈페이지 www.ddstone.com | 블로그 blog.naver.com/ddstone1994
페이스북 www.facebook.com/ddstone1994 | 인스타그램 @ddstone_books
대표전화 02-337-5252 | 팩스 031-947-5868

ISBN 978-89-5807-616-2 04420
ISBN 978-89-5807-615-5 (세트)